图解 **精益制造** *067*

智能材料 与性能材料

知能素材と機能材料

日本日经制造编辑部 著

陈颖 译

人民东方出版传媒
People's Oriental Publishing & Media
东方出版社
The Oriental Press

图字：01-2017-4297 号

Copyright © 2011−2014 Nikkei Business Publications, Inc. All rights reserved.
Originally published in Japan by Nikkei Business Publications, Inc.
Simplified Chinese translation rights arranged with Nikkei Business Publications, Inc.
through Hanhe International (HK) Co., Ltd.

本书中文简体字版权由汉和国际（香港）有限公司代理
中文简体字版专有权属东方出版社

图书在版编目（CIP）数据

智能材料与性能材料／日本日经制造编辑部 著；陈颖 译.—北京：东方出版社，2021.1
（精益制造；067）
ISBN 978-7-5207-1872-1

Ⅰ.①智… Ⅱ.①日… ②陈… Ⅲ.①智能材料—研究 ②功能材料—研究 Ⅳ.①TB381
②TB34

中国版本图书馆 CIP 数据核字（2020）第 248023 号

精益制造 067：智能材料与性能材料
（JINGYI ZHIZAO 067：ZHINENG CAILIAO YU XINGNENG CAILIAO）

作　　者：日本日经制造编辑部
译　　者：陈　颖
责任编辑：崔雁行　吕媛媛
责任审校：曾庆全
出　　版：东方出版社
发　　行：人民东方出版传媒有限公司
地　　址：北京市西城区北三环中路 6 号
邮　　编：100120
印　　刷：北京文昌阁彩色印刷有限责任公司
版　　次：2021 年 1 月第 1 版
印　　次：2021 年 1 月第 1 次印刷
开　　本：880 毫米×1230 毫米　1/32
印　　张：9.125
字　　数：165 千字
书　　号：ISBN 978-7-5207-1872-1
定　　价：68.00 元
发行电话：(010) 85924663　85924644　85924641

版权所有，违者必究
如有印装质量问题，我社负责调换，请拨打电话：(010) 85924602　85924603

目录

contents

第一章

摆脱稀有金属依赖症

日本制造业中，很多引以为豪的先进产品都采用了微量元素（包括稀土）。只有稀有金属才能实现高性能，这种认知已经导致了产品生产对稀有金属的过度依赖。事实真的是这样吗？近年来，已经明确了的稀有金属采购风险，促使日本制造业从"稀有金属依赖症"里挣脱出来的诉求越来越强烈。

第 1 节　回到原点——确定采用稀有金属的依据

铈（Ce）之所以被广泛应用于玻璃研磨工业，是因为它资源丰富、价格低廉。提出这一观点的是东北大学未来科学技术共同研究中心的副中心长小泽纯夫。但在过去 5 年中，上涨不到 2 倍的铈，在 2010 年的夏季约一个月内竟然上涨了 4 倍，并且在同年秋天出现了采购难的状况。

虽然这种情况是短暂的，但却导致了当时铈供应链的中断，给使用铈的制造业带来了重大危机。液晶板、HDD 等都需要玻璃研磨处理。

2010 年 9～11 月，某工厂因铈的进口停止无法采购研磨剂。该厂虽然采取了持续清理库存的方法予以应对，但如果连续 1～2 个月停止进口，势必会影响生产。

日本普遍认为，铈和钽（Ta）等轻稀土类是基本金属等其他矿物的副产品，取之不尽［金属研究局（总部位于东京）代表棚町裕次］。这种认知很危险，因为这两种稀土并没有太多库存，它们不像让磁铁具备高性能的钕（Nd）和镝（Dy），可以随时采购到。

所以，只要关紧稀土供应链这一"龙头"，工厂立刻就会陷入窘迫。立命馆大学理工学部工学科教授谷泰弘曾说："日本有30%的铈需求得不到满足。如果轻视这个问题，将来很可能会栽跟头。"

不仅是铈，能让产品性价比最大化的其他材料也是如此。如果意识不到这类材料（尤其是稀有金属）有采购断档的风险，过度依赖，后果将非常严重。

▶ **虽然微量，但埋藏很深**

日本对稀有金属的定义是：地球上存量稀少，由于技术和经济原因目前采掘还有一定困难，现在有工业生产上的需求，随着技术革新未来还会产生新需求的金属（图1-1）。也就是说，稀有金属是日本制造业不可或缺的重要资源。

2008年，日本稀有金属市场规模达到3兆日元左右（据海关统计）。金额背后，显示出了相当大的、使用稀有金属制造产品的市场规模。同样在2008年，电子材料的规模为9兆日元、电子设备为47兆日元、成套机器为141兆日元。在这种情况下，如果电动汽车（EV）和混合动力车（HEV）等节

能车和太阳能电池、低燃料的高性能飞行机普及，稀有金属的
关联产业会膨胀到以往的 10 倍。

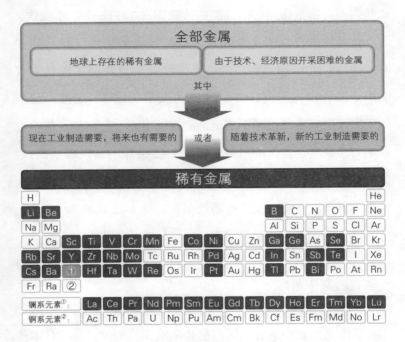

图1-1 稀有金属的定义

　　也包括埋藏量多、采掘很困难的金属。由于不好采购，今后工业制造
这方面，抢手的就是稀有金属。图中 31 种矿物质被称作稀有金属的同时，
钪（Sc）、钇（Y）、镧系（15 种）的稀土，也算作一种矿物质。

---

　　①　稀有金属：这是在日本的总称，国际上称为 Critical raw Matrials
或 Critical Minerals。

　　②　准确的定义是 1984 年日本通商产业省（现在的日本经济产业
省）的矿业审议会稀有金属综合政策特别小委员会给出的。

日本有很多好产品，为了提高附加价值更是经常采用稀有金属。例如，前面提到的钕和镝被用于对电机的小型化、轻量化起到不可估量作用的高性能的钕铁硼（Nd-Fe-B）系磁铁。

钕是构成合金的主要元素，镝是提高耐热性（维持高温时的磁性）的添加元素。具有良好性能的钕铁硼系磁铁不仅能用于混合动力车（HEV）和电动汽车（EV），还能广泛应用于家用空调室外机和手机电话的振动电机上。例如，每台混合动力车或电动汽车的电机要使用1~2公斤的钕铁硼系磁铁，其中钕约占其质量的20%，镝约占其质量的10%。粗略计算，生产一万台混合动力车或电动汽车，需要1~2吨的镝。

▶**稀有金属依赖症**

日本制造业中稀有金属占据非常重要的地位，这与日本产业结构的变化有关。在国际化大环境中，尤其是在批量生产型的产品组装方面，中国成了海外生产的主角，日本只能在附加价值高的领域深耕，其中最具代表性的是日本家庭工艺品的材料和零部件。日本资源能源厅资源燃料部矿物资源课课长助理桑山广司说："20年前，稀有金属主要被用作钢铁的添加剂。而现在，在电动汽车、燃料电池、LED等低碳领域，稀有金属被视为高新技术产品的素材和零部件，得到了广泛使用。"

日本组装工厂虽然逐步迁移到了海外，现地采购量也在逐步增加，但素材和零部件仍在持续依赖日本进口。

换句话说，要想在先进领域维持较高的竞争力，稀有金属不可或缺。虽然稀有金属与优越性能的关系尚不明确，但添加稀有金属后产品性能的确有所提高。稀有金属成了提高材料、零部件附加价值的"魔力之药"。

以前由于价格便宜、供给充足，日本成了稀有金属的消费大国。从年消费量和世界占有率看：钴（Co）为 1.4 万吨（486 亿日元），占比 25%；铟（In）为 1146 吨（413 亿日元），占比 86%；稀土（稀土类元素）为 2 万吨（286 亿日元），占比 24%；镍（Ni）为 19.6 万吨（2195 亿日元），占比 14%。其中，钴和铟的消费量位居世界第一，稀土和镍位居世界第二①。

稀有金属的用量如此之大，就算价格有变动，日本也一定会留有适当的存量。有个佐证，那就是依靠稀有金属所带来的风险管控能力，即替代技术的研发并没有取得多大进展。不光是前面介绍的研磨料铈，大学和公共实验室里也都只是进行了细致的替代技术开发。日本东北大学的小泽纯夫说："达不到

———————————

① 这个数字是 2006 年及 2007 年的实绩和推测值。市场规模是根据日本国内报价的年平均值计算出来的。摘自《稀有金属确保战略》，日本经济产业省，2009 年 7 月 28 日。

接近产业化的水平，这些技术就不会引起产业界的注意。"

就这样，在不知不觉中日本产业开始盲目使用稀有金属，形成了过度依赖稀有金属的体制。使用稀有金属本身不是件坏事，但不考虑稀有金属的风险，陷入不用稀有金属就无法生存的状态，就是大问题。在日本，这种现象就被称为"稀有金属依赖症"。

▶ 有钱也买不到

当务之急，是摆脱稀有金属依赖症。首先，稀有金属存在购买风险，有钱就能买到的时代已经结束了，必须具备对资源保有量的预见性。

2010 年 9 月，日本稀土就曾遭遇过供给不足的危机，中国停止了对日本的出口。虽然 2010 年 12 月起中国又逐渐恢复了出口，但日本已经重新认识到了稀土供给几乎依赖中国的问题。

实际上，稀土在中国属于低成本生产，约占世界总量的97%，日本稀土需求量的90%都依赖从中国进口。而现在，中国对稀土的管控越来越严格。因此，单位质量价格越高的稀土越容易出口，而便宜的稀土反而不易出口，这种现象明显与库存量无关。基于以上原因，中国的出口价格加上出口关税的成本，出口稀土的价格已经达到了日本国内价格的 5~6 倍（金属研究所的棚町裕次）。

存在供给风险的不仅仅是稀土，还牵扯到了所有的稀有金属。矿石的三个主要出产国的产量占到了总量的 80%，如：钒（V，南非 28%，中国 33%，俄罗斯 27%）、铂金（Pt，南非 77%，俄罗斯 13%、加拿大 4%）、钨（W，中国 75%，俄罗斯 6%，加拿大 5%）等。在资源本身价值不断上涨的过程中，谁也不知道何时会停止供给，稀土也一样，不能忘记稀有金属在带来便利的同时也潜藏着供给风险。此外，还有价格的风险。稀有金属价格不仅由单纯的需求和供给决定，流通量的减少、产出国的集中、政治或投机炒作等因素都会导致价格上涨（图 1-2），即便拥有储量丰富、价格便宜的稀有金属也不能高枕无忧。实际上，2010 年 9 月以后，供求最紧迫的铈（Ce）的每公斤价格就从 2010 年 8 月的 7 美元飙升了 5 倍以上。

从以上供给风险和价格风险来看，今天得到的资源不一定明天也能得到。一旦稀有金属的供给中断，日本的主力产品就会有停产的危险。一方面，供给侧的多样化、海底矿山等的资源开发、回收再利用与储备等活动的推动十分有必要。另一方面，也不能过度依赖特定资源。这是没有资源储备的日本工业的最佳选择。

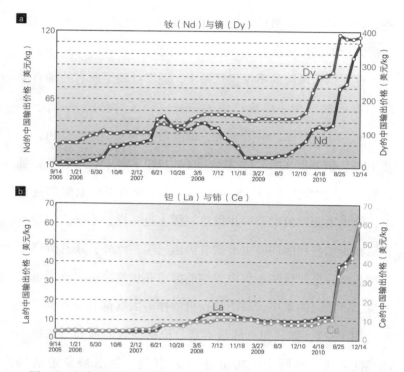

图1-2　稀有金属的价格推移（2005年9月14日~2010年12月14日）

　　产业技术综合研究所的中村守指出："下一代备受瞩目的轻量材料是镁（Mg）合金，其与铝（Al）合金相比，在强度、韧性和成型性等方面略显劣势。为了解决这个问题，很多人会选择添加某种稀土，因为这样一来，它的优势就会立刻显现出来。但综合考虑各种风险，这未必是最好的选择，最重要的还是重新考虑稀土的使用方法。"

▶ **了解机制**

那么，具体该如何从稀有金属依赖症中摆脱出来呢？有两条路径（图1-3）。第一条路径是明确使用稀有金属的理由，即明确通过使用稀有金属令产品的性能和技能得到提升的机制。

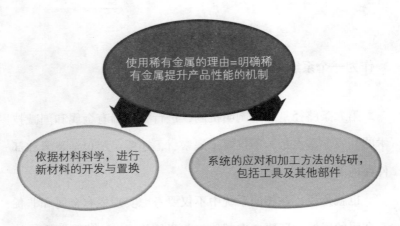

使用稀有金属的理由=明确稀有金属提升产品性能的机制

依据材料科学，进行新材料的开发与置换

系统的应对和加工方法的钻研，包括工具及其他部件

图1-3　摆脱稀有金属依赖症的重点

减少使用量、开发替代技术，要明确使用稀有金属的必要性。此外，除了材料科学，还要考虑包括工具和周边部件在内的相应措施。

日本资源与环境记者谷口正次表示："性质相似的稀土资源很多，但为什么要发挥这个机能，尚没有科学的阐明，现在多半是在不断试错中选择最适合的稀土资源。所以，我认为开发替代材料的可能性非常高。"

利用钨（W）开发超硬工具替代技术的精细陶瓷中心材料研究所所长松原秀彰阐述了稀有金属替代材料的重要性："尽可能缩小使用稀有金属和未使用稀有金属的物质的差异，这一点非常重要。也就是说，要有其他的备选材料。"

虽然替代材料很重要，但还是要能从根本上提升产品的性能和制造技能，而非仅仅依赖稀有金属。

▶作为一个系统来考虑

第二条路径是通过阐明机制，进行替代稀有金属和削减技术的开发。重点是，不仅要了解素材，还要了解包括装置和部件在内的系统。

也就是说，在相同系统中不仅要考虑实现稀有金属和非稀有金属的置换，还要考虑其他相关联的单元。这样就不会只从素材角度看问题，而会注重其他解决方法，更容易取得显著成果。例如，在打磨玻璃基材时，在保留研磨剂的研磨垫上下点功夫，就能提高研磨性能；不用添加某种成分，只要改良加工方法，就能提高镁合金的强度和韧性。

有关替代技术的思考，日本是全世界最领先的。其在环境、安全等方面已经超越了各种规制。中村守表示："欧美不理解替代技术，他们更愿意从经济角度，而不是从材料科学角度看待稀有金属。在过去的有害物质规章里，欧美认为性能下降不是问题，不主张使用这些物质。"

这种简单的"不用即可"的想法，会导致企业很难在全球竞争中取胜。所以，日本选择了不同的做法，即在不损失附加价值的同时开发替代技术，以提升日本制造的竞争力。当然，这个门槛绝对不低。例如，日本现在要把不添加镝的电机应用到产业中去，这个需求最大的竞争者是资源大国中国，因为中国很有可能会大量使用镝。这就是性能与价格的双重竞争。

日本从国家层面也展开了摆脱稀有金属依赖的行动。日本经济产业省在 2010 年度的补充预算案中匆忙列入了 1000 亿日元的《稀土等矿物资源的确保措施》（图 1-4）。这项活动的开展，对制造工艺产生了巨大影响，因为采用替代技术需要投入大量资金。尽管如此，这对日本来说依旧是个英明的决断。2010 年 12 月，日本已经开始了一部分公募资金，对于民间材料行业，国家的支持也仅限于此。稀有金属的问题涉及日本制造业的根基，产业政府、学术界应该团结起来共同应对。

对稀有金属的替代、使用量削减技术的产业化的支持（120亿日元）

★《稀有金属替代技术开发项目》（根据产业、政府、学术界的委托联合开发，对2/3的民间企业进行资助）

· 开发稀有金属的替代技术。
　　例如：通过使用非铈（Ce）通用研磨剂，让研磨工序合理化的技术。
· 开发减少稀有金属使用量的技术。
　　例如：减少光学镜片镧（La）用量的制造技术。
· 促进开发稀有金属循环再利用的技术。
　　例如：从报废汽车里回收铈（Ce）催化剂的技术。
· 其他，开发降低稀有金属消耗的相关技术。

加强对稀有金属客户企业（民营企业）的支持

导入使用稀有金属设备的新规，更新支援（420亿日元）

★以支援日本国内企业、防止技术的海外流出为目的，对2/3的民营企业（中小企业为1/2）进行资助，导入稀有金属设备。

· 随着稀有金属用量的减少，仍能生产出具有同等性能的零部件产品的设备。
· 稀有金属供给多元化必需的加工设备。
· 构筑能实现稀有金属工程内回收和降低排量的流程，提供能从废旧产品中提取稀有金属等的、能扩大国内循环的必需设备。
· 包括稀有金属和相关零部件、产品的试验和评价设备，以及以量产为目的的实验线设备。

推进海外矿山的开发和权益保护（460亿日元）

★JOGMEC（石油、天然气、金属矿物资源）向民间企业投资。为强化财务基础，JOGMEC在政府的担保下从社区金融机构贷款，作为原始资金向民间企业投资。

图1-4　日本2010年度补充预算案上的稀有金属相关措施

稀有金属综合措施的总额为1000亿日元，用于减少稀有金属用量的技术开发和设备导入，目的是构筑因稀有金属供给不稳定而被左右的产业结构，也为防止企业、技术的海外流失。

专栏 1

资源勘查支撑下的日本技术

日本基本不出产稀有金属，所以对日本来说，采取摆脱稀有金属依赖症的措施是必需的。同时，在稀有金属的替代、削减技术及回收技术等领域以外，日本的技术能力也起到了一定的作用。在新资源的开发过程中，了解"哪里、有什么样的资源、有多少"等的相关勘探技术能力也十分成熟。

日本的海底资源是最有希望的，日本专属经济水域（EEZ）的宽度全球领先。日本领海内的海底资源有望成为稀有金属的采掘地，已经确认的有海底热液矿床和丰富的钴基岩。海底热液矿床是海底火山活动喷出的热水里包含的金属沉淀物质，除铜（Cu）、铅（Pb）、锌（Zn）、金（Au）之外还有少量的可回收稀有金属，如镓（Ga）、锗（Ge）等。丰富的钴基岩在海山坡面上和顶部覆盖了玄武岩等基岩铁、铁锰氧化物，稀有金属除锰（Mn）、钴（Co）、镍（Ni）、铂金（Pt）外还有少量的碲（Te）和铈（Ce）等。

日本现在的深海底矿物资源勘探船是"第 2 白领丸号"，为石油、天然气、金属矿物资源机构（JOGMEC）所有，1980年首航，船龄超过 30 年。此后，JOGMEC 开发了新的勘探船，由三菱重工的下关造船厂建造（图1-5）。

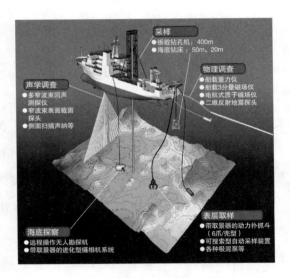

图1-5　新海洋资源勘察船和附属调查设备概要

　　为调查海洋资源，除了声学调查、物理调查等非接触调查设备外，还备有板载钻孔机、远程操作无人勘探机等装备（用于海底取样）。同时，还采用了能取得海底热液矿床采掘的相关要素技术数据的试验机。

　　新的勘探船的海底资源勘探能力获得了大幅提升。例如，从海底取样的海底座位型钻机中搭载投入了高性能装置（挖掘深度为海下50米）。同时，在船尾安装了能在激流中保证船的位置的全回旋式推进器（方位角螺旋桨）2组，在主船体安装了升降回旋式1组和管道式的船首推进器2组。勘探设备方面准备搭载勘探海底地形地质构造、观察海底结构、辅助操作的远程操作无人勘探机，实施在深海采掘的关键技术试验。

第2节　告别简单使用

研磨剂铈（Ce）：转变视角，从强化装置着手

以二氧化铈（CeO_2）为主要成分的研磨剂是稀有金属依赖症的典型案例。为避免这种依赖，有关人员提出了"削减""替代"等可行性方案。

二氧化铈研磨剂用于要求高度平滑面的液晶显示器和HDD的玻璃基板的研磨。以前使用的是氧化铁（Fe_2O_3），二氧化铈从研磨效率和研磨后的平滑性上更优一筹，在费用及效果上比氧化铁性能更优。而且因为是稀土，5~6美元/公斤的价格非常便宜，所以立刻得到了普及。二氧化铈是非常好的研磨剂，不经意间它已经是像空气一样的存在了。

但好景不长，情况一下子就发生了转变。由于中国出口规制的变化，出口很快出现了紧缩。2010年9月以后，二氧化铈的国际价格上涨了近10倍，达到了50美元/公斤。昭和电工于2010年9月13日声明公司无法应对原料暴涨，相同研磨剂的价格提高了4倍，每公斤涨幅达3500日元。之后中国再

度开放出口，但价格却停在了高位。

2010 年 9 月以后，日本把目光集中到了替代二氧化铈的技术上。2010 年 6 月，精细陶瓷中心研究小组与立命馆大学中心研究小组发表了替代技术。所有的研究都与中国的出口规制无关，这些替代技术是新能源、产业技术综合开发机构（NEDO）实施的稀有金属开发技术项目中的一环。由于成果发表的时间几乎与中国的出口制度重叠，因此备受瞩目。意义深刻的是两者的研究路径，如立命馆大学中心研究小组关注的不是研磨剂主要成分的颗粒，而是颗粒保持抛光垫的方向①。

▶ 抛光垫是关键

玻璃基板的研磨，是将圆形的抛光垫压在玻璃基板上，在这中间注入颗粒融化了的泥浆状的水溶液（研磨剂），让抛光垫旋转，让颗粒在玻璃基材下面摩擦（图 1-6）。当然，颗粒成分是主角，但是立命馆大学理工学部项目组长谷泰弘教授却更关注抛光垫。

抛光垫的功能之一是保护颗粒，保护能力越强越能使颗粒

_____

① 除立命馆大学外，水晶光学（总部位于日本大津市）、九重电气、Admatechs 也参加了研究小组。

研磨剂注入口　　抛光垫　　玻璃基板　　砝码

图1-6　玻璃研磨装置（实验装置）

在高速回转的研磨垫上撒上研磨剂，放置载有砝码的玻璃，让它在上面做小回转的同时，滑过研磨垫的上部，研磨玻璃的下部。

停留在抛光垫上共同转动，与玻璃表面的相对速度就越高。谷泰弘教授认为这样做有利于提高研磨效率，但此前没有这样的设想，工业上一般习惯使用聚氨酯抛光垫。

研究小组怀疑这个常识，用各种抛光垫进行试验以确认研磨效果。他们采用了多孔质环氧树脂抛光垫，发现二氧化铈的研磨效率提升了2倍以上（图1-7）。

而且，提高研磨效率的不仅是二氧化铈，氧化锰（Mn_2O_3）或氧化锆（Zn_2O_3）等其他研磨剂也具有此项功能（图1-8）。尤其是，氧化锰和氧化锆与现有的二氧化铈和环氧树脂抛光垫的组合效率更高，很有可能替代目前使用的二氧化铈。

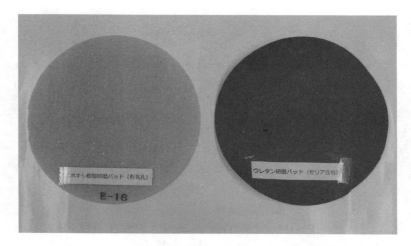

图1-7 新开发的环氧树脂抛光垫（左）和聚氨酯抛光垫（右）

环氧树脂抛光垫亲水性强，研磨剂保持能力高。

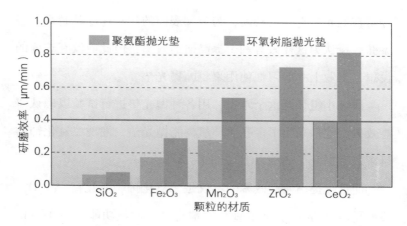

图1-8 高效的环氧树脂研磨垫

谷泰弘教授认为环氧树脂抛光垫与聚氨酯抛光垫的效率区别很可能在于亲水性，还认为如果在聚氨酯抛光垫上撒上研磨剂后倾斜30度，研磨剂马上就会流下来，但如果是环氧树脂抛光垫，即使倾斜90度（垂直竖立）研磨剂也不会跌落。注意到这个特性，对环氧树脂的物理特性和气孔状态进行最优化，它的效率还能提高。

研究小组为玻璃厂家、HDD厂家、镜片厂家等10家公司提供了环氧树脂样品，用于确认研磨条件和玻璃种类的不同会给结果带来什么样的影响。

精细陶瓷中心也一直在关注颗粒，并以阐明研磨机制为目标。一旦机制明确，就能寻找到具备同样机制的其他物质。

▶追溯机制

实际上，二氧化铈是以怎样的机制在玻璃表面研磨还不清楚。研磨总给人一种硬颗粒在工件表面切削的印象。一方面，钻石和铝等的研磨就在遵从这样的机制，被称为机械研磨。另一方面，二氧化铈的主要机制除了机械研磨还有化学研磨，被称为化学机械研磨。化学研磨意在让工件表面与研磨剂进行化学反应，使工件表面软化，顺利推进机械研磨。它的特性是，工件表面的平滑度非常高。虽然二氧化铈的化学研磨能力很强，但化学研磨的作用原理尚不清楚。

当然，此次技术开发还是收获了强有力的线索。精细陶瓷中心电材料组长、主席研究员须田圣一带领的研究小组找到了化学研磨反应的概要，并找到了与二氧化铈具备相同机制的化合物。

在用二氧化铈进行化学研磨时，玻璃的主要成分二氧化硅（SiO_2）中的氧（O）一旦靠近铈（Ce），硅（Si）与氧（O）的结合就会变弱（图1-9），结合一变弱就会与水产生相互作用，造成硅与氧的断裂。同时，玻璃表面的硅-氧（Si-O）会被剥离。

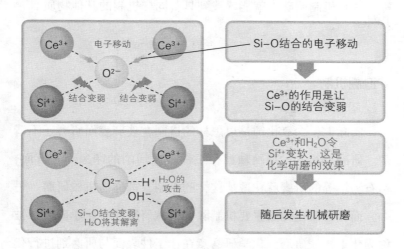

图1-9　CeO_2的化学研磨的反应示意图

Ce 与 O 发生反应后，Ce 从玻璃表面剥离 Si-O。此时，三价铁很容易发生反应。

有人提出了其他反应机制，但没能完全解释清楚，只显示出了其他可能性。其依据是：精细陶瓷中心研磨使用的二氧化铈颗粒在透射电子显微镜的观察下显露出了大量的氧化硅（SiO）成分，这与东北大学进行的计算机模拟显示出的机制相同。

同时，研究人员还彻底找到了对该反应起到重大影响的幕后主角。其实作为研磨颗粒的二氧化铈并不纯粹，开采时就混入了大量的镧（La），而它就是起作用的幕后主角（图1-10）。所以，二氧化铈的化学方程式写出来不应该是 CeO_2，而是 $La_xCe_{1-x}O_{2-x/2}$。商业品中的 x 是 0.37，即有 37% 被置换成了镧。

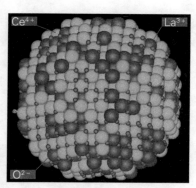

图1-10 颗粒镧（La）混入二氧化铈（CeO_2）颗粒后的示意图

在二氧化铈（CeO_2）里混入了大量镧（La）。铈通常是四价，但如果有镧（La）就容易变成三价。

随后，精细陶瓷中心对研磨效率与镧的量的关系进行研究，发现是因为 x 从 0 到 0.1、0.2、0.3、0.4 依次增加，才最终提高了研磨效率。那么，增加镧后会发生什么呢？须田圣一作出了说明："铈通常是四价的，而镧是三价，导致一个氧脱落，结晶有缺陷。同时，铈容易变成三价，颗粒的电子状态发生了变化。"

根据这个调查结果，研究小组关注到价数变化，包括从四价变为三价的铁，尝试调整了缺陷构造易控制的铁基钙钛矿氧化物（$SrFeO_{2.5s+\delta}$，调整 δ 以控制缺陷构造），并对研磨效率进行了测量（图1-11）。这种化合物比二氧化铈成本低，这也是选择它的理由之一。

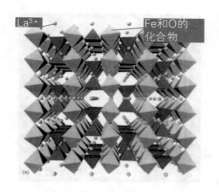

图1-11　铁基钙钛矿氧化物的构造

在金字塔顶点和两个金字塔底面相连接的立体顶点上有氧原子（O），其内部有铁（Fe）。小点是锶（Sr）。

如此一来，能实现二氧化铈六成的研磨效率（图 1-12），
实际试验中的已经超过了七成。如果调整化合物成分，还有可
能使研磨效率更高。研究小组以提高二氧化铈的研磨效率为目
标，进行增加副成分让缺陷构造和价数更合理的试验。

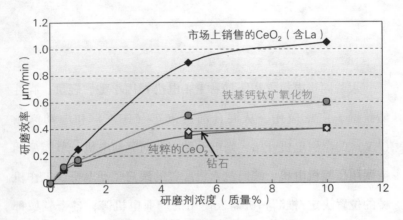

图 1-12　新研磨剂的研磨效率

综上，两个研究小组的路径完全不同，但是从这两个完全
不同的路径中都可以看出铈替代的可能性，这也预示着前所未
有的替代稀土的可能性。

第3节　电机用磁铁镝（Dy）

阐明机制，仅在必要的地方给予必要的量

永磁同步电机（以下简称 PM 电机）因小型、轻量、高性能获得了广泛应用。从混合动力汽车（HEV）和电动汽车（EV）的牵引电机开始，到电动助力转向驱动电机、节能型的空调用压缩机电机、滚筒洗衣机配置的滚筒驱动电机、工作机械的位置决定/推断和机器人使用的产业电机等，各个领域都在广泛使用 PM 电机（图 1-13）。

但是，要达到目标用途的高性能，高性能磁铁钕-铁-硼（Nd-Fe-B）系烧结磁铁必不可少。例如，每台混合动力汽车需要使用 1 公斤左右的钕-铁-硼系烧结磁铁，每台电动汽车需要使用 2 公斤左右的钕-铁-硼系烧结磁铁。而要获得高耐热性，就必须向磁铁原料钕中加入镝或铽等稀有金属。镝（一部分由铽来置换）用在混合动力汽车、电动汽车的牵引电机中时，添加量占钕-铁-硼系烧结磁铁总质量的 7%～10%，而用在空调压缩机电机中时，用量占钕-铁-硼系烧结磁铁总

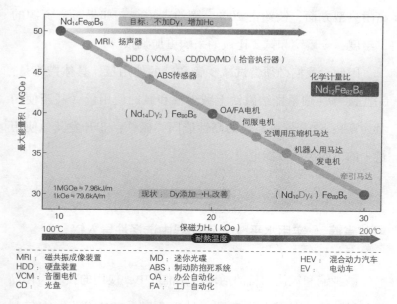

图 1-13 市售的钕-铁-硼系烧结磁铁的最大能量积和矫顽力的关系

根据物质、材料研究机构的宝野和博的资料编辑而成。

质量的 4%~5%。

镝和铽被称作重稀土，在稀土中是尤为稀少的资源。物质、材料研究机构磁性材料中心负责人宝野和博说："关于镝的地壳内含量有很多说法，如钕的 10%~20%。铽则更少，为钕的 2%~4%。"而且，日本基本都在从中国进口镝和铽，混合动力汽车、电动汽车，以及节能家电的增加等都会使 PM 电机的需求量增大，就更不能确保稳定供给了。在钕-铁-硼系烧结磁铁中，钕、镝、铽的合计使用量约占同磁铁的 30%。

高耐热型方面，钕约占 20%，镝约占 10%。如果考虑资源的供给度，今后镝和铽要比钕的采购更加紧张。

因此，我们必须尝试减少镝和铽的使用量。具体措施是：①在钕-铁-硼系烧结磁铁上减少镝和铽的使用量（甚至使用量为零）；②开发可替代的高性能同类磁铁；③开发其他使用量少的不同类高性能电机。

▶节省镝（实用水平）：在晶界中选择性导入镝

减少镝和铽使用量的活动已在推进中，使用的技术叫作晶界扩散法，由信越化学工业、日立金属、TDK 开发。在信越化学工业，通过在钕-铁-硼系烧结磁铁中采用"二合金法"已经将镝和铽的用量减少到了原来的一半（图1-14）。

钕-铁-硼系烧结磁铁中加入镝和铽的目的是确保矫顽力。所谓矫顽力，是相对于反向磁场（与永久磁铁的磁化方向相反的磁场）以及温度的变化，表示磁铁退磁难度的值。通常，钕-铁-硼系烧结磁铁的温度越高反向磁场越容易退磁。所以为了提高矫顽力，要加入镝和铽等重稀土。例如，当磁铁的温度提高到200℃左右时，混合动力汽车的牵引电机要将钕质量的40%置换成重稀土。

镝和铽的添加能使矫顽力提高，是因为在钕-铁-硼系烧结

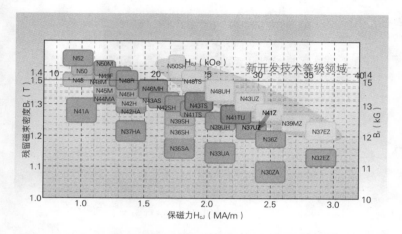

图1-14 信越化学工业的钕–铁–硼系烧结磁铁的特性

　　采用晶界扩散法的钕–铁–硼系烧结磁铁（新开发技术等级）的矫顽力
有所提高。通过将镝选择性地导入晶界，一边使用镝一边继续维持残留磁束
密度，少量镝也能提高矫顽力。本图根据信越化学工业提供的资料制作。

结磁铁的 $Nd_2Fe_{14}B$ 组织构造中 Nd 的一部分被 Dy 和 Tb 置换
了。$R_2Fe_{14}B$（R 是稀土类元素）化合物中，当 R 为 Dy 和 Tb
时，与矫顽力成比例的各向异性磁场比 R 为 Nd 时更高。

　　晶界扩散法可以做到在钕–铁–硼系烧结磁铁的组织晶界
部分选择性导入镝和铽（图1-15）。通常，磁铁在 $4\mu m \sim 5\mu m$
时 $Nd_2Fe_{14}B$ 的结晶（主晶相）会集聚，在主晶相与主晶相间
（晶界）有富 Nd 相（Nd 比 $Nd_2Fe_{14}B$ 有更多的化合物组织）
生成。但因为也有不生成富 Nd 相、主晶相界面粗糙的情况发
生，所以容易造成退磁。

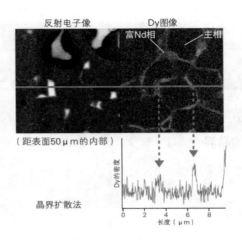

图1-15 根据晶界扩散法选择性导入镝（Dy）

信越化学工业的实例。右边照片的浅蓝色部分是镝浓度高的部分。从中可以看出向晶界中选择性导入镝的成像。（图片来源：信越化学工业提供）

向晶界中选择性导入退磁较强的镝和铽，从而以较少的量确保同等矫顽力，是晶界扩散法的基本方式。以往的二合金法是在制造磁铁原料钕-铁-硼系合金时混入镝和铽，所以主晶相与晶界没有区别，镝和铽分散得非常广泛。

与之相对，晶界扩散法中减少了添加到原料合金中的镝和铽，剩下的一部分用于改善晶界：首先，与通常的钕-铁-硼系烧结磁铁一样，将原料合金压碎成粉末；然后，在施加磁场的同时进行按压；最后，进行烧结。与传统方法不同的是，烧结后要进行一些处理。

处理方法大致分为两种。一种是使用可以液态化的镝和铽的化合物，在该化合物中浸泡、涂抹，使烧结后的磁铁表面生成同种化合物的膜，然后在此基础上进行热处理，分解相同化合物，让镝和铽向晶界扩散。另一种是使用蒸镀技术，在真空室里放入烧结后的镝和铽并进行加热。此时，镝和铽的蒸汽会扩散到磁铁的晶界中。信越化学工业和 TDK 采用的是第一种方法，日立金属采用的是第二种方法。

▶改变矫顽力分布

此外，这些磁体制造商还在推进将晶界扩散方法应用于容易消磁的部分和不容易消磁的部分的方法。

例如，在转子圆筒面配置有半圆锥体磁铁的 SPM（Surface Permanent Magnet，表面永磁铁）电机中，磁铁越是位于旋转方向的后侧边缘越是容易消磁（图 1-16）。电机旋转时，磁铁在旋转方向上的前侧被线圈吸引，后侧则从线圈接收排斥力。由此，旋转方向后侧产生了逆磁场，如果是半圆锥体磁铁，因其形状的原因，越是边缘越是容易受逆磁场的影响而消磁。

钕-铁-硼系烧结磁铁的中央部位消磁较少，不需要像边缘部位一样的矫顽力，通过调节，可以实现镝和铽的浓度在边缘较高、在中央部位较低。

实际上，信越化学工业已经实现了让钕-铁-硼系烧结磁铁从两端开始进行晶界扩散、使边缘矫顽力增高的磁铁制作等技术的开发（图1-16）。TDK也通过CAE（计算机辅助工程）对"哪些部位需要加入什么程度的反向磁铁（是否真的需要矫顽力）"做了充分了解。此外，TDK还研发了一项技术，将镝化合物的浆料施加到磁体的一部分而不是整个磁体表面。

TDK经过了数年，才有了改变部分矫顽力的想法。实际上，很多家电厂家和汽车厂家都已经开始这样做了。磁铁厂家和电机厂家的合作，也显得越来越重要了。

▶节省镝（研究水平）：没有镝，矫顽力提高2倍

虽然投入实际使用为期过早，但日本仍在不断尝试降低钕-铁-硼系烧结磁铁中镝和铽的用量。例如，物质、材料研究机构的宝野和博教授研究了一项技术，能在不使用镝和铽的条件下提高钕-铁-硼系烧结磁铁的矫顽力[1]。此外，还有一项不是烧结磁铁而是磁粉的成果是，实现了大约1560kA/m（19.6kOe）的高矫顽力[2]。

---

① 该研究开发是日本文部科学省元素战略项目《低稀土类元素组成高性能各向异性纳米复合材料磁铁的开发》的一环。

② 现在市场上销售的一般的钕-铁-硼系烧结磁铁的矫顽力，在没有镝和铽的情况下是796kA/m（约10kOe）。采用新技术后，矫顽力提高了2倍以上。由于HEV/EV的牵引电机需要有1990kA/m～2388kA/m（25kOe～30kOe）的矫顽力，所以根据需要也要添加镝和铽。

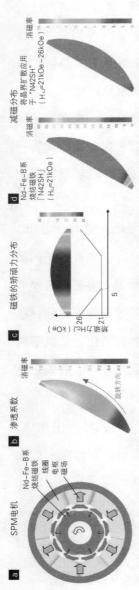

图1-16 越是位于容易消磁的边缘的矫顽力越高的磁铁矫顽力分布

信越化学工业的实例。(a)SPM电机中,磁铁被转方向的后侧方向出现差异。即(b)渗透系数越高,温度越往边缘走越高,桥矫顽力越高,用少量的钕,据此,就可能让边缘不易消磁。(c)让晶界扩散的钕的渗透系数容易消磁。(d)将这种晶界扩散应用于现有磁铁和钕-铁-硼系烧结磁铁,比较消磁率。将晶界扩散应用于"N42SH"(Hcj=21kOe~26kOe)。

a SPM电机
Nd-Fe-B系烧结磁铁
电枢磁场
线圈
旋转方向

b 渗透系数 消磁率

c 磁铁的矫顽分布 消磁率

d Nd-Fe-B系烧结磁铁「N42SH」(Hcj=21kOe) 减磁分布 消磁率

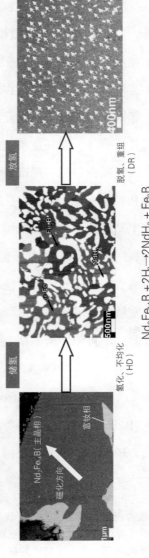

$$Nd_2Fe_{14}B + 2H_2 \rightarrow 2NdH_2 + Fe_2B$$
$$2NdH_2 + 12Fe + Fe_2B \rightarrow Nd_2Fe_{14}B + 2H_2$$

储氢 氢化、不均化(HD)

放氢 脱氢、重组(DR)

Nd₂Fe₁₄B(主晶相) 富钕相 磁化方向

图1-17 HDDR法

在氢的环境中加热,$Nd_2Fe_{14}B$的结晶分解成NdH_2、Fe、Fe_2B(氢化,不均化)。根据这个过程,磁粉主晶相的结晶相被细化到250nm。分解后的磁粉在真空中加热,去除氢气,再结合成$Nd_2Fe_{14}B$(脱氢、重组)。(图片来源:物质、材料研究机构)

宝野和博教授采取的路径是：①钕-铁-硼系烧结磁铁的主晶相——$Nd_2Fe_{14}B$ 的结晶颗粒的微细化；②晶界相——富钕相的改善。钕-铁-硼系烧结磁铁通常是主晶相的结晶颗粒直径越小，在晶粒内的磁区①的磁场越不易发生反向运转。因为晶粒越小，单磁区比多磁区存在的能量就越稳定。处在多磁区状况时，邻接磁区的磁场一旦发生反转，就会像多米诺骨牌一样传播到其他磁区。而处在单磁区时，为了减少磁场反转发生的频次，只能减少消磁、提高矫顽力。

宝野和博教授用 HDDR（氢化、不均化、脱氢、重组）的方法让主晶相的结晶颗粒微细化（图1-17）。这种方法的最大特点是利用化学反应使晶粒微细化。与物理上将磁粉粉碎成微细晶粒的方法不同，这种方法不会让磁粉被粉碎得太细，这样一来，富钕相就不易被氧化。一旦富钕相被氧化，它就不再是非磁性的，不再能切断磁耦合，而采用化学方法能有效防止氧化。

HDDR 法如下。首先，将磁粉在氢气（H_2）环境中加热，将 $Nd_2Fe_{14}B$ 分解成 NdH_2、Fe 和 Fe_2B。然后，在真空中加热去除氢气，还原 $Nd_2Fe_{14}B$。根据这一系列的化学反应，可以让

---

① 磁区：原子磁矩聚集的小区域。1个结晶粒是由1个磁区（单磁区状态）或者说多个磁区（多磁区状态）组成。磁区与磁区间有壁，叫磁壁。磁壁向界面移动时，相同磁壁在界面位置上的磁区会消失。相反，如果在界面缺陷部分产生了磁区的核，新的磁区就会从那里生成。

主晶相的结晶从最初的 $100\mu m$ 微细化到 250nm（图 1-18）。
而且，对处理条件进行控制，还能让各个晶粒的磁化方向与原
来的磁粉方向在某种程度上达成一致。

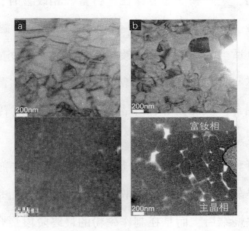

图1-18　钕-铜合金晶界扩散

（a）用 HDDR 法制成的磁粉上混合钕-铜合金，加热后得到（b）。钕
溶解，沿着晶界扩散，富钕相（照片上的白色部分）严密地裹着主晶
相。（图片来源：物质、材料研究机构）

▶ **用钕-铜合金改善晶界**

另一方面，富钕相的改善是一种机制，能在主晶相的结晶
粒中减少新磁区的发生频率。前面已经提到，主晶相的界面存
在缺陷，当主晶相间没有夹杂富钕相而直接粘接在一起时，接

触的部分容易消磁，因为这部分容易产生新磁区。为了防止这种现象的出现，晶界扩散法中选择性地导入了镝和铽，宝野和博等专家则尝试用富钕相牢牢包裹住主晶相的晶粒。

起初，宝野和博等专家在进行富钕相改善时，目标不仅是防止消磁。实际上，富钕相还能对晶粒之间的磁耦合进行切割。通过适当的热处理，富钕相能从磁性晶体变成非磁性体的非结晶体[①]。因此，如果用富钕相紧紧包裹住主晶相，就可以切断磁耦合，从而防止某个晶粒发生的磁场反转传播到相邻晶粒。

宝野和博等专家采用的是适用于富钕相改善的晶界扩散法。说是晶界扩散法，但扩散的不是镝和铽，而是钕。而且不是在磁铁烧结后，而是在制作磁粉的最终阶段最合适的点进行的，这一点与前面所说的磁铁厂家的方法不一样。

具体来说，就是将 HDDR 法制作的磁粉（钕-铁-硼系合金）与钕-铜合金的粉末混在一起进行加热。选择钕-铜合金，是因为其具有 520℃ 的低熔点。如果烧结温度过高，晶粒就会变大，无法维持晶粒的微细化。因此，必须保持低烧结温度，低熔点的钕合金有望达成这一目标。

钕-铜合金的烧结温度即便控制在 600℃ 左右也会成为液体，钕会沿着晶界扩散［图 1-18（b）］。而且，宝野和博教

---

① 热处理不得当就会出现富钕相结晶，不能成为非磁性相。

授团队的研究结果显示，通过在富钕相里混杂铜，可以提高矫顽力。如果使用钕-铜合金，还会成为铜的供应源。

宝野和博教授团队还致力于研究开发用高矫顽力的磁粉制造烧结磁铁的技术。首先，一边施加磁场让磁粉取向，一边进行按压。其次，对压粉体采用火花等离子体烧结方法，在600℃的低温烧结的同时进行热压，提高磁化的各向异性①。

▶ **磁粉制造方法的最优化**

日本经济产业省通过新能源、产业技术综合开发机构（NEDO），在推进《稀有金属替代材料项目》上，也在经由晶粒的微细化和晶界相的改善推动减少镝和铽使用量的活动，即"减少稀土类磁铁镝的使用量的技术开发"。

担任这个课题组组长的是东北大学研究生院工学研究科教授杉本谕。他表示，针对晶粒的微细化，可以从磁铁的原料合金中片层间隔的缩短，以及粉碎相同原料合金制作的磁粉的微细化等观点出发进行研究。在晶界相的改善方面，杉本谕教授

① 课题之一是能量积的提高，为此必须提高磁粉的取向度。现在的目标是可用于 HEV/ EV 的牵引电机的磁铁，即矫顽力约为 1990kA/m（25kOe），最大能量积约为 279kJ/m³（35MGOe）的钕-铁-硼系烧结磁铁。

致力于开发一种能够让镝在晶界相中均等分布的新方法。

　　这当中，负责片层间距的缩短的是三德公司。通常，钕-铁-硼系烧结磁铁的原料合金中，在主晶相的 $Nd_2Fe_{14}B$ 之间，柱状的富钕相会以一定的间隔出现（图 1-19）。这个富钕相的间隔，就叫片层间距。

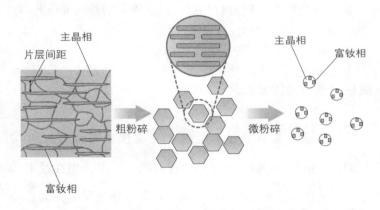

图1-19　磁粉的微细化和原料合金片层间距的关系

　　　如果片层间距相对磁粉的粒径不够短，微粉碎时就会有很多磁粉不含富钕相。如果片层间隔够短，磁粉上就会富含高比例的富钕相。(本图根据东北大学杉本谕教授提供的资料绘制而成)

　　缩小片层间距的好处是，即便粉碎原料合金制作的磁粉微细化，也能制作出很多在主晶相周围镶嵌着富钕相的磁粉。如果片层间距相对磁粉的粒径过大，就会出现很多没有带上富钕相的磁粉。这样一来，即便烧结也很难得到被富钕相紧紧包裹的结晶。

工业上一般用注浆的方法制造钕-铁-硼系烧结磁铁的原料合金。在高速旋转的鼓状表面浇筑融化了的该合金并急速冷却。三德公司很好地掌握了冷却速度，在使层状间隔更小的研究方面取得了进展。

▶用氦气进行气流粉碎

Intermetallics 公司（总部位于日本京都市）尝试进行磁粉微细化的研究开发。该公司采用气流粉碎的方法改良粗粉碎的原料合金，已经达到了实验室水平。董事长佐川真人说："我们已经成功开发出 1μm 左右的微型磁粉制造技术。"

气流粉碎是将粗粉碎的磁粉放入高速气流中，让磁粉互相碰撞成微粉的技术，一般使用的是氮气（N_2）。但是，Intermetallics 公司研发出了使用氦气（He）的新方法。杉本谕说："氦气比氮气轻，易提升流速，短时间即可进行微粉碎，所以微细化后的磁粉表面不易被氧化。而且，氦气是惰性气体，与氮气不同，具备不易与钕形成化合物的优点。"

有趣的是，Intermetallics 公司为实现用气流粉碎法烧结微细化的磁粉开发的新工艺"PLP（Pressless Process，无压工艺）"，虽同属《稀有金属替代材料项目》，却是在另设的框架下独自开发的。将磁粉微细化，就会使磁粉的表面积增大，从而使富钕相易氧化。PLP 就是为防止此现象发生而提出的方案。

　　PLP 的最大特性是在充满高浓度氩气的管道中实施从磁粉充填到烧结的一系列工序（图 1-20）。具体做法如下。首先，把料斗里的磁粉注入该管道中的碳质容器，用手按压容器内的磁粉（致密程度）。其次，把容器放入管道中，盖上盖子分成几段（堆叠），用线圈施以 5T 左右的强脉冲磁场来让磁化方向一致（取向）。最后，烧结制成磁铁。

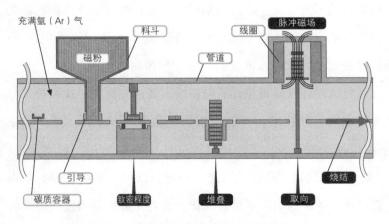

图 1-20　为烧结微细化了的磁粉采用的新工艺

"PLP（PressLess Process，无压工艺）"由 Intermetallics 开发。由于从充填磁粉到取向的一系列步骤是在充满氩气的管道中进行的，所以微细化的磁粉很难被氧化。(本图根据 Intermetallics 的资料绘制而成)

　　与原来的烧结法不同，由于有按压动作，空气中的磁粉不需要压入模具和拔出模具的操作。而且，致密程度是轻轻压紧的程度，润滑剂和间隔物用得也很少。所以，磁粉不易氧化，也不易混入杂质。佐川真人认为，即使不做按压，烧结体的密度与按压过的也没什么区别。

Intermetallics 公司做了两台实验装置，并进行了效果确认。片层间距使用的是用氢气流粉碎后粒径约为 1μm 的 3μm~4μm 的原料合金磁粉，得到的烧结后的主晶相粒径大约为1.5μm，可用于制造微细的钕-铁-硼系烧结磁铁。在没有镝和铽的情况下，钕-铁-硼系烧结磁铁的矫顽力高达 1592kA/m（20kOe）。

▶将镝的粉末与磁粉混合烧结

TDK 开发了一种使镝在晶界相中均一分布的新工艺。这个工艺属于晶界扩散法，被称为"H-HAL 法"。

其与晶界扩散法的最大区别是成为镝的供应源的物质（镝源），到制作烧结前的压粉体这一阶段是完全混合的（图 1-21）。具体来说，就是粗粉碎的镝源与磁粉在高速气流粉碎的作用下均一混合，使镝源的粒子在磁粉周围均一分散。在让直径为数微米的磁粉和直径不足 1μm 镝源烧结时，均等分配的来自镝源的镝粒子会沿着晶界扩散，主晶相就容易被富镝相紧紧包裹。

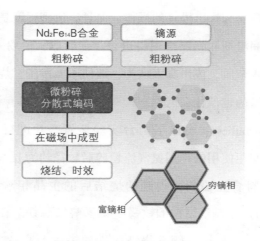

图 1-21   TDK 研究开发的 "H-HAL 法"

制作压粉体之前，镝源的粉末与磁粉均匀混合，镝可以沿着晶界分散。（本图根据 TDK 资料绘制而成）

根据 TDK 的说法，镝的使用量相同的情况下，矫顽力比通常的二合金法提高了 159kA/m（2kOe）。而且，在晶界相的改善效果方面 "H-HAL 法" 虽然不如晶界扩散法，但其不仅能改善磁铁表面，还能深入内部，改善晶界相。"H-HAL 法" 的适用范围是到烧结处理完成，可以与烧结后应用的晶界扩散法并用。

▶脱钕-铁-硼：铁-氮等的可行性探讨

在开展钕-铁-硼系烧结磁铁中减少镝和铽用量研究的同时，替代该磁铁的材料研究也在推进。其中之一，就是东北大学研究生院工学研究科的高桥研教授着手的氮化铁（$Fe_{16}N_2$）。

氮化铁的饱和磁化强度很高，最大的能积理论值约为 $1035kJ/m^3$（130MGOe），具有成为强磁铁的潜质。但问题是，其各向异性磁场成正比的矫顽力低（图1-22）。实际上，氮化铁的矫顽力理论值在 796kA/m（10kOe），很低。

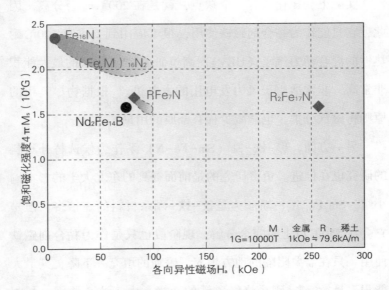

图1-22　氮化铁的饱和磁化强度和各向异性磁场

本图根据东北大学高桥研教授的资料绘制而成。

　　高桥研小组从事的研究内容，是在饱和磁化强度有所下降的情况下提高氮化铁的矫顽力。具体来说，就是探讨用某些非稀有金属元素代替部分铁，或者用硼或氧等非金属元素代替部分氮的方法。

　　可以期望通过替代元素来提升矫顽力的原因是，各向异性磁场由晶体结构和组成决定。即，各向异性磁场与"磁力有多么容易朝着哪个方向"的磁各向异性成正比，与"能向外部释放多少磁矩"的饱和磁化强度成反比。前者是带电子的流向，后者是带电子的数量，所以晶体结构和组成是关键要素。

　　实际上，氮化铁有一个缺点，就是在200℃时会分离。因此，它只能作为黏合剂磁铁使用，很难应用到要求有200℃耐热性的混合动力汽车（HEV）。高桥研说："氮化铁的最大能积非常高，非常适用于风力发电用的发电机。"根据物尽其用的原则将磁铁分类，也能减少稀有金属的用量。

　　另一方面，钐-铁-氮（Sm-Fe-N）系作为候选替补材料的研究也在推进。负责研究的是前面提到的东北大学的杉本谕小组。$Sm_2Fe_{17}N_x$ 的矫顽力是钕-铁-硼系材料的 5 倍多，但是它会在550℃以上时完全分解，现阶段也只是作为黏合剂磁铁使用。只在需要阻隔的地方填充，磁粉的填充率下降，其最大能积不足钕-铁-硼系烧结磁铁的一半。由于这个原因，杉本谕小组进行了高密度磁粉的 $Sm_2Fe_{17}N_x$ 固化技术的开发。

▶应对 HEV/EV 的铁氧体

电机方面，减少镝和铽用量的研究也在进行，其方向大致有两个：一是不使用或少量使用钕－铁－硼系烧结磁铁，PM 电机以外的现有方式的电机的高性能化；二是减少钕－铁－硼系烧结磁铁的用量，或开发铁氧体磁铁等不使用镝和铽的其他磁铁的新构造电机。三菱电机、大阪府立大学、东京理科大学、长崎大学等致力前者的研究开发，日立制造所、名古屋工业大学等则致力于后者的研究开发。

北海道大学研究生院信息科学研究科副教授竹本新绍小组，是致力于后者研发的团队。该研发小组开发的是轴向间隙电机。试制品的最大扭矩密度达 34.2Nm/L，相当于市售混合动力汽车（HEV）使用的牵引用 PM 电机扭矩密度的 75%（图 1-23）。竹本新绍说："轴向间隙电机是最初的试制品，我们对震动还采取了特别措施。因此，效率和扭矩密度的增幅还有很大的空间。"

轴向间隙电机的最大特点是不使用钕－铁－硼系烧结磁铁，只用铁氧体磁铁。当然不只是简单置换，因为由于铁氧体磁铁的性能较差，如果简单置换扭矩密度会下降 1/3~1/4。为了补足降低部分，首先要制作成轴向型，再开发出新的分段构造的转子（图 1-24）。

图1-23　使用铁氧体磁铁新开发的轴向间隙电机

电机的基本规格如下。体积8.81L，最大扭矩301Nm（75%），最大扭矩密度34.2Nm/L（75%），基底速度1700rpm（142%），最大功率51.5kW/L（104%），最大效率92.5%。（　）内的%，是与普锐斯的电机比较的相对值。

混合动力汽车（HEV）和电动汽车（EV）上搭载的牵引电机基本都是径向型。然而，径向型一端的线圈折返部分（线圈端）会成为死角，不会产生磁束，轴向型则可以有效利用线圈，易得到大扭矩。此外，还要再加上分段构造的转子的效果（图1-25）。通常的轴向型转子是在钢板制成的转子铁芯表面贴上铁氧体磁铁。这样一来，磁铁的厚度就受到了限制，磁性材料的芯成为诱因，在定子上产生的磁束就很容易通过磁

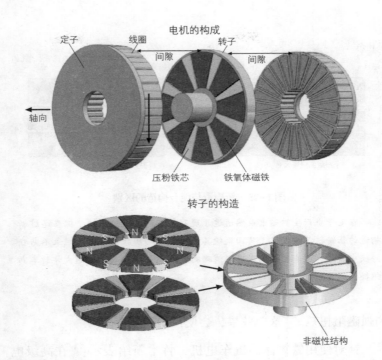

电机的构成

定子　线圈　　　转子

间隙　　　间隙

轴向

压粉铁芯　　铁氧体磁铁

转子的构造

非磁性结构

图1-24　轴向间隙电机的构造

非磁性结构体，铁氧体磁铁和压粉铁芯没有直接接触，叫作分段构造。为了更好地存放两者，构造上采用了分开的设置空间。（本图根据北海道大学竹本新绍提供的资料绘制而成）

铁内部。

另一方面，如果去掉转子铁芯让磁束容易通过并对压粉铁芯配以分段构造，在定子上产生的磁束就会避开磁铁发生弯曲，然后通过压粉铁芯部分。北海道大学研究生院信息科学研究科的小笠原悟教授说："磁束有径直向前的特性，所以能得

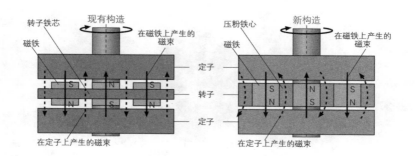

图 1-25　新构造与现有构造的区别

　　在定子上产生的磁束虽然通过了现有构造的铁氧体磁铁，但在通过新构造的压粉铁芯时发生了弯曲，使其产生了强磁阻扭矩。由于磁束不易在磁铁中通过，还有了抑制不可逆消磁的效果。(本图根据北海道大学竹本新绍提供的资料绘制而成)

到强磁阻扭矩。"这个效果，会使扭矩密度更高。

　　针对使用铁氧体的汽车电机，竹本新绍表示："在高级电动汽车的用途方面，不适用钕-铁-硼系烧结磁铁。如果用铁氧体磁铁，成本只需钕-铁-硼系烧结磁铁的几分之一。低成本的选项既可以让电动汽车的价格更低廉，也可以牵制钕-铁-硼系烧结磁铁的价格上涨。"

　　实际上，日产汽车 2010 年 12 月开始销售的"Reef"采用的就是小型高效的 PM 电机。PM 电机的技术人员也阐明了自己的观点："电动汽车需要进一步降低价格的需求，推进了铁氧体磁铁电机和感应电机的开发进程。"

通过微细化，将镝的用量削减一半以上

大同电子（总部位于日本岐阜县中津川市）也是推动以晶粒微细化削减镝用量的企业之一。该公司从事开发、制造EPS用电机上使用的钕-铁-硼系磁铁，与其他公司不同的是没有烧结。钕-铁-硼系烧结磁铁虽有相当强的性能，但需要把它特殊化成环状物质。

大同电子生产的钕-铁-硼系磁铁是将磁粉进行冷、热压成型后，再施以热量和压力挤压成型的，属于机械取向。大同电子营业部营业企划室室长灰塚弘说："通过施加磁场取向的烧结磁铁如果晶粒太小，就很难取向。但如果是机械取向，就不会有什么问题。"因此，主晶相的晶粒在30nm ~ 50nm时，烧结磁铁的1/100左右的磁粉就可以使用。

大同电子使用的正是这种磁粉，同时还开发了一项制造技术。有了这项技术，即便主晶相的晶粒增大，也能制造亚微米程度的钕-铁-硼系磁铁（图1-26）。热压出的瞬间提升温度的方式和施压的方式也已经达到了最优化。

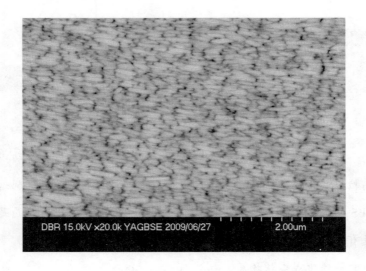

DBR 15.0kV ×20.0k YAGBSE 2009/06/27   2.00um

图 1-26 晶粒微细化后的大同电子磁铁显微镜照片

主晶相的粒径被微细化成亚微米。一般市售的钕-铁-硼系烧结磁铁中，主晶相的粒径为 4μm~5μm。(图片来源：大同电子)

结果，原先必须添加 4%~5% 镝的、矫顽力为 1672kA/m (21kOe) 的钕-铁-硼系磁铁，现在只需要添加不到 2% 的镝就能实现（量产水平）。

同时，大同电子还在推进 1.5% 镝添加的钕-铁-硼系磁铁的研究开发。这款钕-铁-硼系磁铁即使没有镝也能耐受 150℃ 左右的高温，矫顽力为 1473kA/m (18.5kOe)。

第4节　镁合金钇/钆（Y/Gd）

不依赖添加剂，采用热处理

假设有一种合金，只要提高它某方面的性能就能实现大范围使用，并且研究开发的结果表明，只要发现了实用方法就能立刻实现实用化。但前提是，这种方法必须使用稀有金属。此时，研究人员必须研究不使用稀有金属的方法——想要摆脱对稀有金属的依赖，就必须采用这种机制。

▶镁合金的密度是铁的1/4

其中一个例子是镁（Mg）合金的高强度化。镁合金的密度约为铁（Fe）的1/4，低于铝（Al），地球上储量很多。虽然面临很多成本问题，但其仍作为未来的轻量化材料而备受瞩目。

由于轻量化可以改善燃料费用、降低二氧化碳的排放量，直接关系到汽车产业的发展，所以汽车产业对镁合金抱有很大的期待。实际上，欧洲某汽车生产商已尝试制作了以镁合金为结构材料的汽车。其总质量为 260kg，油耗为 100km/L。

但在考虑用镁合金作为汽车的结构材料时，日本物质、材料研究机构新结构材料中心轻量材料组组长向井敏司表示："镁合金的比强度和断裂韧性比铝合金低是一大难题。"一般镁合金（AZ31）的铸造材料的屈服应力与比重的比，也就是比强度约为 120MPa，断裂韧性是 $20MPa \cdot m^{1/2}$。锻造材料中两者数值均变高，但仍然低于铝合金。2000 系列和 7000 系列的大多数铝合金的比强度均大于 150MPa，断裂韧性则大于 $30MPa \cdot m^{1/2}$。

▶ **准晶体的分散化**

在这种情况下，物质、材料研究机构研究小组致力于改善镁合金的强度和韧性、延展性平衡。2006 年开始的 5 年项目中，其将研究目标定为增加比强度到 350MPa 以上，常温断裂韧性提高到 50%，延展性提高到 15%。

该研究小组关注的重点在于应用"有秩序但非晶体"的准晶体，以达到晶体取向分散化[1]的目的。晶体取向不一致的

---

① 已知轧制和挤出等锻造加工带来的应变可以使晶粒细化，从而增强抗拉强度。虽然锻造加工细化晶粒的镁合金的抗拉强度高，但是存在压缩强度低、各向异性屈服等问题。

情况下断裂韧性更高。

准晶体难形成解理面，韧性高，作为金属材料的强化粒子备受瞩目。它不同于一般的晶体，取向的排列不具有反复并列构造（平移对称性），作为分散粒子可以使母相晶体点阵之间稳定结合，不易成为断裂核和起点。并且，还能防止挤出加工时晶体取向的一致化。

但还是存在一个问题，那就是目前发现的准结晶相的镁合金中，都含有钇（Y）和钆（Gd）等稀土金属①。

该研究小组最开始是研究含稀土金属合金，发现准晶体的分散化不仅可以增加强度还可以增加断裂韧性。但向井敏司表示："在听了汽车生产商技术人员的意见后，我们了解到稀土金属会提高成本，所以不利于实用化。"

于是，该研究小组开始研究镁和铝、锌（Zn）的合金的准结晶相形成。虽然已知镁-锌-铝合金可以形成准结晶相，但是均匀分散很困难。

在实现准结晶相的均匀分散方面，由于准晶体过多时会出现凝固部分，需要找到最合适的准晶体形成量（向井敏司）。研究过程中，该小组尝试改变添加锌和铝的比例，并在锻造加

①　可添加的稀土金属除了钇（Y）和钆（Gd），还有钬（Ho）、铽（Tb）、镝（Dy）、铕（Eu）等。稀土金属的添加使准结晶更易形成，热稳定性也更高。

工前追加热处理的温度、时间等。

　　具体做法是：对应镁的质量比，添加 6%~8% 的锌和 3%~4% 的铝的铸造合金，挤压加工前在 320℃ 条件下热（均一化）处理 48 小时。这样一来，准结晶相（或者近似结晶相）就会均匀分散，实现组织细化、降低结晶取向度（图 1-27）。结果，获得的合金与含稀土金属的镁合金几乎拥有相同的强度和延展性（图 1-28）。

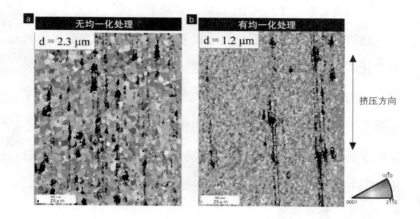

图 1-27　镁-锌-铝合金中结晶取向的分散化

　　通过铸造后进行热（均一化）处理，推进结晶取向的分散化。(a) 是未进行均一化处理的挤压加工的组织，(b) 是均一化处理后进行挤压加工的组织。图中用颜色展示了不同的结晶取向。

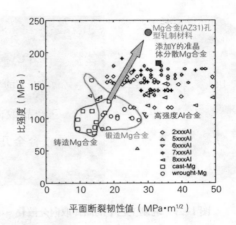

图 1-28　不含稀土金属的镁合金的机械特性

实现比现有镁合金铸造材料和锻造材料更高的拉伸强度和延展性，并且与含稀土金属准晶体粒子分散合金具有同样特性。

▶ **塑性加工方法改良**

该研究小组还研究了如何通过改变加工方法实现晶体取向分散化。通过在锻造加工时避免工件应变积聚，防止晶体取向一致。

以下以孔型轧制加工为例进行说明。图 1-29 为工件反复经过含有大小不同的多个槽的轧辊之间，慢慢变细的塑性加工。

工件通过带槽轧辊加工时，工件受的剪切力取决于工件接

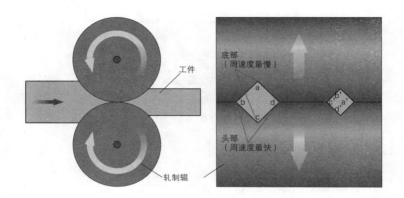

图 1-29 轧制工艺中的晶体取向分散化

孔型轧制塑性加工时，相互接触的两个轧辊的周速度不同，会发生剪切变形。周速度轧辊底部最慢，头部最快。所以如图中所示，b 和 d 比 a 和 c 更先被剪切。所以在下一道工序将工件旋转 90°（a→a'，b→b'，c→c'，d→d'），施加反方向剪切力，就不会产生应变积聚。

触部分的周速度。槽的头部周速度大于底部，该速度差转化为剪切力，并作为应变积聚。

也就是说，工件的方向变化 90° 后，会产生反方向剪切力。换句话说，应变的方向会变成反方向。所以，在下一道工序中将工件通过带槽轧辊时的方向旋转 90°，就可以使上一道工序受到的剪切力和反方向剪切力叠加。

于是，每次进入下一道工序时旋转工件 90° 就不会发生应变积聚。实践证明，应变加工造成晶粒微细化后，会降低晶体取向度（图 1-30）。

　　向井敏司透露，该小组也在研究"单晶体的均一化镁合
金和不积聚应变的加工工艺组合"。

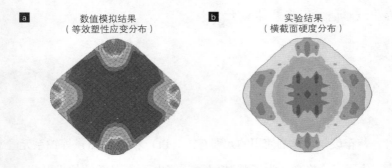

图1-30　塑性应变和硬度分布

　　(a) 孔型轧制的横截面积减少时数值模拟中预测的等效塑性应变。
(b) 实验工件横截面硬度测量结果。角部塑性应变最大，硬度最大。越接
近暖色系硬度越大。

第5节　废气催化剂铂/钯（Pt/Pd）

净化系统：追求整体最佳

　　汽车废气催化剂使用的元素有铂（Pt）和钯（Pd）等铂系元素。由于其价格高，为了削减用量，催生了许多新的技术开发。其中，如何用于卡车等大型柴油车的废气催化剂，是一大难点。

　　日本产业技术综合研究所新燃料汽车技术研究中心副研究中心长滨田英昭表示："卡车生产商规模小于轿车生产商，对他们来说，与其自主开发催化剂，不如使用现有的催化剂。过去，催化剂技术开发的主体是催化剂生产商。"

　　催化剂开发是经验的积累，催化剂生产商基本不会对外披露信息。如果在这个封闭的世界里加入了其他领域的研究者，或许会产生更多的可能性。抱着这样的想法，滨田英昭亲自担任组长，开始了大型柴油车的新型催化剂开发项目①。

---

　　①　项目成员有催化剂生产商三井金属矿业、催化剂载体材料生产商水泽化学工业（总部东京）、九州大学、名古屋工业大学、UD卡车，以及产业技术综合研究所。其中，产业技术综合研究所有4个小组参与，是新能源、产业技术综合开发机构（NEDO）《稀有金属代替材料开发项目》的一环。

虽然大型柴油车的废气净化系统和汽车有很大差异，但是技术开发的步骤有很多共同之处。即：①寻找催化剂活性物质；②复合催化剂活性物质；③使载体结构高度化。此项目里也包含这三个步骤。

▶用银作 DPF 新型催化剂

该项目的目标，是通过技术合作创造新的催化剂系统，减半铂系元素的使用量。大型柴油车现在使用的是"氧化催化剂""柴油机尾气颗粒过滤器（DPF）""氮氧化物（NO$_x$）脱硝催化剂（SCR）"三段系统（图1-31）。其中，最后的 SCR 不使用铂系元素，减少铂系元素使用需要改造前两段。

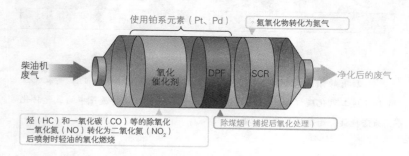

图 1-31　大型柴油车用废气净化系统的结构

大型柴油车废气净化系统分三段。其中，第一段氧化催化

剂和第二段柴油机尾气颗粒过滤器中会使用大量的铂（Pt）
和钯（Pd）。

第二段的 DPF 中的铂系元素使用银（Ag）来代替。DPF
的主要功能是在过滤网捕捉煤烟等的微粒，并将其氧化除去。
催化剂生产商三井金属矿山和产业技术综合研究所合作，开发
不使用铂系元素而是使用银来作为催化剂活性物质。使用银催
化剂的 DPF 原本由三井金属矿山独立开发，其特征是使用独
特的氧化工艺氧化煤烟（图 1-32）。

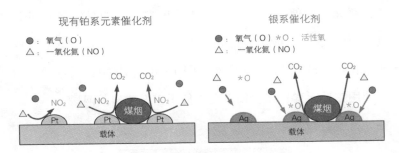

图 1-32　发挥新氧化机制的银催化剂

现有的铂系元素催化剂，使用废气中二氧化氮（NO_2）的氧气氧化煤
烟生成二氧化碳（CO_2）。新银催化剂氧化性强，可以将废气中的氧气转化
为活性氧，由活性氧氧化煤烟。

虽然其催化能力大大超过铂系元素，但是存在：①耐热性
差、使用时易凝聚使催化能力降低；②烃（HC）和一氧化碳
（CO）的氧化能力低等问题。为了让催化剂在低温（400℃以

下）环境发挥必要的催化功能，产业技术综合研究所进一步研究了银的物理化学状态及其与载体的相互作用，以推动实用化进程。

现有的开发品在 DPF 的入口处涂装银系催化剂，出口处涂装铂和钯系催化剂，能确保和铂、钯催化剂有同样的初始性能。铂系元素的使用率降低了 40%。但实用化的重点在于抑制劣化，研究中要一边确认劣化性能一边提高催化剂的耐热性能。

▶添加副成分，控制载体结构

此外，氧化催化剂可以将烃和一氧化碳氧化成水和二氧化碳后除去，并将一氧化氮转化为二氧化氮。现在有很多第一段氧化催化剂的研究成果。其中一个，就是催化剂活性物质的复合物。

氧化催化剂通过在蜂窝状基板表面涂装氧化铝（Al_2O_3）保持催化能力。在此基础上添加铌（Nb）氧化物，可以提高一氧化氮和二氧化氮的转化效率（图 1-33）。

氮氧化物在第三段 SCR 处，最终转化为氮气，而二氧化氮比一氧化氮更容易转化为氮气。因此，在前一段的氧化催化剂和 DPF 的作用下，一氧化氮转化成了二氧化氮。铌的氧化

062

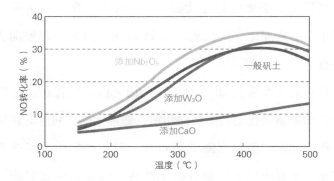

图1-33 副成分增强氧化能力

　　添加氧化铌（Nb₂O₅）后，一氧化氮（NO）的转化率（一氧化氮转化成二氧化氮的比率）约提高5%。氧化铌酸性强，可以加速酸性二氧化氮（NO₂）的释放。相反，涂装碱性氧化钙（CaO）时，一氧化氮的转化率会下降。图中是空气中750℃加热20小时强制劣化后的数据。

物是酸性物质，可以让生成的同样是酸性物质的二氧化氮更易从催化剂中释放。虽然能将铂系元素减少到何种程度目前尚不明确，但这仍是一个值得关注的新尝试。

　　此外，该项目小组还着力研究氧化催化剂的载体结构高度化问题。这里说的载体，指的是涂装在蜂窝状基板上的氧化铝。充分优化这种结构可以大幅减少铂系元素的使用。

　　柴油车的废气净化系统中，具备燃烧（酸化）DPF捕捉的煤烟并将其除去的结构。发动机内燃烧结束后会喷射微量轻油，氧化催化剂通过点燃轻油生热使DPF内的煤烟燃烧。在载体结构上下功夫可以提高此过程的催化效果。

例如，在氧化铝上钻直径大于1μm的孔（微孔）。一般载体的微孔直径都小于0.1μm，小于雾状轻油直径，容易发生堵塞，使轻油无法到达微孔内部的活性点处。直径大于1μm的孔可以使轻油更易通过，氧化反应更易发生。

在煤烟成分大部分已经燃烧并被除去时打开微孔，温度（T50）会下降20℃左右（图1-34），这是减少20%的铂系元素使用量的体现。在使用可燃气体（癸烷）的情况下不会有这种效果，这是只有在使用直径较大的雾状轻油时才会发生的特殊现象。

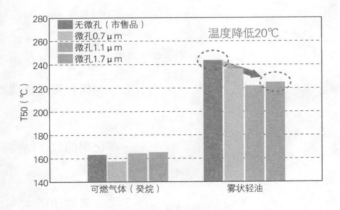

图1-34 载体中导入微孔

为了使雾状轻油更容易达到活性点需要在载体上开出较大的孔。这样做，可以使氧化反应更容易发生。T50是煤烟成分过半燃烧除去时的温度。

项目负责人滨田英昭说："减少废气催化剂中的铂系金属

是已经研究过的领域之一，想通过一个突破实现大幅度削减很难。虽然一个技术的成果很小，积累起来最终也可以达到减半目标。"实际上，除了这里介绍的，该小组还开发了很多其他的氧化催化剂和 DPF 减少铂系元素使用的技术。

第6节 超硬工具钨（W）

激发第二潜力

超硬合金一般是指钨（W）的碳化物碳化钨（WC）和钴（Co）等粉末混合后烧制成的材料。使用这种超硬合金的工具（超硬工具）大多含质量比80%以上的碳化钨，是钨最主要的用途之一。

80%以上的钨产于中国，且价格一直在上涨。超硬工具是可以短时间进行高精度加工的重要工具，其材料大多数依存于超硬合金。鉴于上述所说的钨价格的风险性，所以用金属陶瓷代替超硬合金的工具用材料的方法备受瞩目①。尤其是主成分是碳化钛（TiC）和碳氮化钛［Ti（C,N)]的金属陶瓷。

金属陶瓷已经被用作工具用材料。但是，其强度、断裂韧性和热传导性都比超硬合金要差，只能位居第二。反过来说，

---

① 金属陶瓷：陶瓷（Ceramics）和金属（Metal）的合成语。广义上包含超硬合金和金属陶瓷两种，在日本大多情况下指的是碳化钛（TiC）和氮化钛（TiN）等金属的硬质化合物粉末过渡金属烧制成的复合材料。

现在的超硬合金是"经历了微粒细化烧结技术和添加剂开发等无数次尝试后制成的"（产业技术综合研究所可持续物料研究部门相位控制材料研究组组长小林庆三）。与之相对，金属陶瓷的潜力还没有完全发挥出来，要想摆脱工具领域的稀土金属依赖症，金属陶瓷的开发是关键。

▶开发的两个方向

精细陶瓷中心等研究小组为了开发可以代替超硬金属的金属陶瓷，依据材料科学方面的知识添加了很多副成分，还适用了将晶体结构均一化的组织控制[①]。该中心材料研究所所长代理、尖端推进小组组长主干研究员松原秀彰表示："我们的目标是开发性能尽可能接近位居首位的超硬工具的金属陶瓷。在这个领域，有第二个选项很重要，它可以限制钨价格的上涨。"

现有的金属陶瓷中除了碳氮化钛和碳化钨之外，还添加了钼（Mo）和钴（Co）等粉末。将其混合后进行成型、烧结、加工，即可制成金属陶瓷。但是这种工艺的混合不充分，碳氮化钛层的周围容易形成钛-钼（Ti，Mo）层和碳-氮（C，N）

---

① 该开发项目是新能源、产业技术综合开发机构（NECO）的《超硬合金钨代替材料技术开发项目》的一环。东京大学、产业技术综合研究所、精细陶瓷中心、Tungaloy、富士模具均有参加。

层的双重结构，由于组成和粒径不同，造成了结构的不均匀。
这样形成的金属陶瓷既有强的部分也有弱的部分，而弱的部分
容易发生破损。

于是，此次开发的新型金属陶瓷采取了各成分分别调制成
完全溶解的固溶粉末，然后进行成型、烧结的工艺①。图 1-35
所示的是其中的三种，添加了钛、钼、钨和铌。松原秀彰说：
"这三种都制成了无双重结构的均匀结构金属陶瓷。不仅没有
脆弱部分，还增强了断裂韧性。"实际上，还可以根据需要添
加更多元素，制造 7 元系或者 8 元系金属陶瓷。

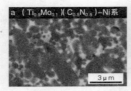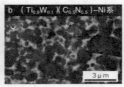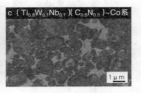

图 1-35　已开发的三种新型金属陶瓷

以固溶粉末为原料制作，没有核心和边缘双重构造。

在这个过程中，研究人员发现了金属陶瓷开发的两大方向
（图 1-36）。一是不追求过高热传导性，开发完全不使用钨的
金属陶瓷。前文也提到过，金属陶瓷的断裂韧性和热传导率比

————————

①　固溶体：两种以上的物质完全互溶形成的固体化合物。溶剂物
质的晶体结构中溶质原子分散溶解，有直接置换晶体结构原子和进入晶
体结构缝隙两种情况。

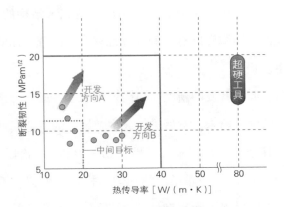

图1-36 新型金属陶瓷的两个开发方向

开发方向有用作不发热加工用工具的 A 方向和代替超硬工具的 B 方
向。B 方向中添加少量钨。

碳化钨低，因为钨的热传导率非常高。如果不使用钨，热传导率将会大幅度下降。具体数值只有 20W/（m·k），相当于超硬合金80W/（m·k）的 1/4。保持这个热传导率，利用上述固溶粉末能将断裂韧性提升到 15MPa·m$^{1/2}$，可以用作不发热的切削加工工具。二是添加最少量的钨（10%左右），开发断裂韧性和热传导率都大幅提高的金属陶瓷。热传导率可以大大超过现有金属陶瓷达到40W/（m·k）。目标是代替超硬工具。

关于以上两个方向的金属陶瓷开发，松原秀彰指出"两者都已具备雏形"。参与此项目的企业会发售使用其制成的切削工具。

▶**可以部分置换**

实际上，日本的金属陶瓷普及率大于海外。原因是"应对不同工件时，采取了交换工具或改变加工条件等措施"（松原秀彰）。也就是说，可以通过加工技术来弥补金属陶瓷比超硬合金断裂韧性和热传导率差的弱点。

这也表明，摆脱工具的稀有金属依赖症，不仅可以从材料方面入手，还可以从加工技术入手。代替超硬工具需要更细致的加工技术，这是日本擅长的领域，所以一定能找到解决方法。松原秀彰表示，日本现在仅能达到15%的金属陶瓷工具使用率，今后有望慢慢提高到30%，甚至是50%。

另一方面，还可以从工具结构入手。现在工具用的金属陶瓷大多含有质量比5%～20%的碳化钨。这个含量低于超硬合金，只要将工具的一部分用金属陶瓷代替超硬合金，就可以减少钨的使用量。小林庆三说："可以不使用超硬合金的部分，即除了刀刃之外的部分。这个部分可以用金属陶瓷来代替。20多年前开始，金属陶瓷的开发就一直在继续。虽然无法完全代替超硬工具，但是其具有质量轻等超硬合金没有的特性，在实用上还有无限的可能性。"

该研究小组主要集中研究两个课题。其一是仅在切削刃更换刀头的上表面和下表面使用超硬合金，中间使用金属陶瓷的复合结构。上下两个超硬合金层的厚度都不超过 1mm。刀片厚度集中在中间部分，厚度约为数毫米，这部分用金属陶瓷代替。虽然想法很简单，但是实际操作很困难。

具体的制造过程是按照超硬合金→金属陶瓷→超硬合金的顺序堆积粉末，冲压成型后烧结制成。看似简单，但是据小林庆三反馈，试烧制后，由于超硬合金和金属陶瓷在热膨胀率和烧结温度等方面的差异过大，出现了裂痕和剥落等情况（图 1-37）。

超硬/金属陶瓷

图 1-37　利用现有技术实现的金属陶瓷和超硬合金的一体烧结

由于烧结温度和热膨胀率不同，金属陶瓷和超硬合金之间产生脱落，表面产生裂痕。

为了完成这个课题，住友电气工业一边考虑量产化，一边开发层压成型技术，产业技术综合研究所则是在原料的组成上考虑对策。特别是后者，"虽然不能明示具体原料组成，但并不是十分特殊"（小林庆三）。稍微增加金属陶瓷中的钨含量，同时在超硬合金上进行某种举措，就可以使烧结时界面产生反应层，解决该课题。

这样就实现了不同种硬质材料的同时烧结（图1-38）。钨的使用量比现有的超硬工具减少了25%。两者都在复合刀片上涂装，反复进行试作品的车削试验。

同时，为了进一步减少钨的使用量，需要考虑减少金属陶瓷部分的钨含量。

图1-38 金属陶瓷上下两面夹有超硬合金的切削工具

金属陶瓷和超硬合金的复合结构成功将钨的使用量减少到现有超硬合金的75%。如果同时减少金属陶瓷部分的钨含量，最终可以实现减少30%的目标。试验中被切削材料（SCM435）的切削速度为220m/分，进刀量为0.3mm/rev，切削量为1.5mm，在此条件下持续切削10分钟。切削性能和现有切削工具相同。

▶用金属陶瓷作基材

改变工具结构，另一个方法是用金属陶瓷代替精加工中使用的混合结构切削工具中的超硬合金。混合结构切削工具是在基材的角部黏合立方氮化硼（cBN）烧结体或金刚石烧结体等硬质材料制成的（图1-39）。基材需要有较强的刚性，目前使用的是超硬合金。

图1-39 以金属陶瓷为基材制作的混合结构切削工具

（a）混合结构切削工具，会将硬质材料黏合到基材前端。(b) 基材使用金属陶瓷代替超硬合金可以减少30%的钨的使用量。使用金属陶瓷制成的试作品，黏合所需时间为60秒，黏合强度大于100MPa。试验中被切削材料（SUJ2）的切削速度为120m/分，进刀量为0.05mm/rev，切削量为0.05mm，在此条件下持续切削10分钟，可以达到与现有工具相同的切削性能。

超硬合金和硬质材料通过铜焊连接。但是，"金属陶瓷的化学性质较稳定，铜焊连接并不适用"（小林庆三）。于是，一种将某种金属夹在金属陶瓷和硬质材料之间，高温融化后再进行黏合的技术被开发出来。黏合需要时间约为60秒，可以实现 100MPa 以上的黏合强度。

结果，试制工具的质量减少一半，钨的使用量减少了30%。

第 7 节　告别一次性

延迟回收，认真探讨利用国内资源

　　既然稀有金属无法实现自给，那就不断再利用。日本现在出现了很多使用稀有金属制造的高科技产品，被称作"城市矿山"。很多人认为可以从使用寿命已到期的产品中提取大量稀有金属，但实施起来并没有那么简单。

▶重视量的循环法

　　日本于 2000 年左右开始在全国倡导循环利用。在制造相关领域，《家电循环利用法》（2001 年 4 月实施），《车辆循环利用法》（2005 年 1 月实施），以电脑和复合机等为对象的《资源有效利用促进法》（2001 年 4 月实施）等与循环利用相关的法律先后出台。日本出台相关法律的最大目的是实现循环型社会，具体来说就是减少垃圾。当时，产业废弃物的最终处理场所预计不到两年就会装满，所以减少垃圾成了最紧迫的课题。

大量废弃的产品和不能简单处理的产品等能更大程度显示出减少垃圾效果的产品在循环利用法中占有优先位置。实际的回收品种主要有铁、铜、铝合金、树脂等使用量大的通用材料。稀有金属的量很少，并且分散在各种不同的产品和零件中，在循环利用环节中容易被忽视。也就是说，"现行循环利用系统并不适用于稀有金属"（经济产业省循环利用推进课的总助理吉川尚文）。

因此，为了让稀有金属参与到循环利用系统中，必须完善各种技术开发和社会制度。稀有金属的循环利用非常落后，根本的解决方法是建立新的循环系统，但是这样做太耗费时间。最终，日本经济产业省决定把能做的事情先做好。

▶稀土类磁铁的分离和回收

其中，最受瞩目的是家电循环利用工厂。在日本，家电循环利用工厂被设置于全国各地，一年可循环利用电视、空调、冰箱、洗衣机等 1800 万台以上的家电（2009 年度）。此外，这些工厂还能处理平板电视和滚筒洗衣机等结构不同的新型产品。压缩机、电机使用稀土类磁铁的空调和冰箱由消费者支付收集处理金，不需要回收成本。只要多迈出一步，就有可能实现稀有金属的循环利用。

实际上，三菱材料和日立制作所开发了从空调压缩机、电机中分离回收稀土类磁铁的技术（图 1-40）[1]，但过程中发现了意外的难题。首先，是不知道哪些产品中使用了稀土类磁铁。

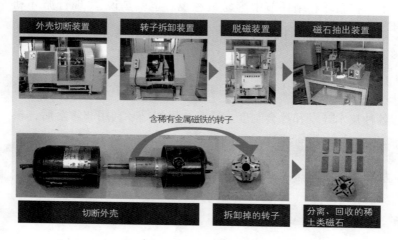

图 1-40 日立制作所开发的筛选稀土类磁铁的自动装置

利用四种自动装置从压缩机中取出稀土类磁铁。

三菱材料环境循环利用事业室室长助理山口省吾说："我们试着询问了各个空调生产公司是否使用了稀土类磁铁，但都没能得到确切的答复。回收磁铁必须先分解压缩机取出转子，往往是好不容易取出来了却发现没有稀土类磁铁，全是白费功

---

① 三菱材料接受了新能源、产业技术综合开发机构（NEDO）的事业委托，日立制作所接受了日本经济产业省的补助金。

夫。" 所以,家电生产商的配合十分重要。

日立制作所希望能顺利实现稀土类磁铁循环利用的商业化,只要知道哪种机型使用了稀土类磁铁,就可以实现自动化应对。

除了回收空调压缩机的自动机器之外,还有硬盘驱动器(HDD)稀土类磁铁的回收装置、印刷配线基板含较多稀有金属的电子零件的回收装置,以及将回收后的电子零件混合物按照零件种类分类的装置等。循环利用的种类不同,回收方案也不同。

日本产业技术综合研究所、环境管理技术研究部循环利用基础技术研究小组组长大木达也,率领成员开发出使用气流和磁力将电子零件分类筛选的装置(图 1-41)。不同种类的电子零件,质量、大小以及对磁场的反应很相似。也就是说,可以实现超高精度的筛选。

具体步骤如下。首先,在除去异物后装入圆筒中,从下方吹入空气,再从被吹起的高度来进行筛选。其次,改变气流的强度再次筛选。最后,用弱磁场筛选。

筛选精度最高的是钽电容,回收率可达 83% ~ 93%。其他,如片式电阻和 IC 等也能达到很高的回收率。此外,大木达也研究小组还开发了可以自动同时筛选不同种类电子零件的筛选机器。

图1-41　利用气流和磁力筛选电子零件

（a）是气流筛选装置，下方送风使电子零件悬浮。（b）是筛选后的钽电容，利用悬浮后的高度进行筛选。

▶ **超硬工具需要各自单独处理**

　　像家电的循环利用系统这种已有的全国规模的系统可以直接利用。但是，并不是所有的领域都有同样的系统，在这种情况下，就必须各自单独处理。其中，有些产品不用费什么功夫就能完成循环利用（图1-42），超硬工具就是其中之一。

　　超硬工具中含有钨（W），主要用户是加工公司。大型工

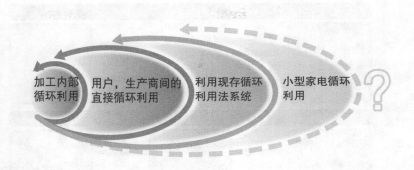

加工内部
循环利用

用户，生产商间的
直接循环利用

利用现存循环
利用法系统

小型家电循环
利用

图1-42　组合使用各种循环利用方法更为合理

稀有金属广泛用于多种产品，所以在多种循环利用方法中选择最合适的方法更为合理。但是，手机和数码相机等小型家电必须构建新的循环利用系统。

具生产商已经建立了独自的回收网络并开始了循环利用。其结构非常简单，如住友电工集团的回收系统是在加工公司设置专用的工具回收箱，装满后送回。集团公司 ALLIED-MATERIAL 收购后，会送到该公司的富山事业所进行循环利用。

当然，由于循环利用设备的能力有限，目前只能循环利用回收量的一半左右，剩下的一半需要委托给国外公司（图1-43）。ALLIED-MATERIAL 常务董事北川信行表示："一旦送到国外就无法保证还能返回。日本国内的循环利用工具对工具生产商来说是风险对策。"

新设备采用"间接式"方法，将使用过的工具中含有的

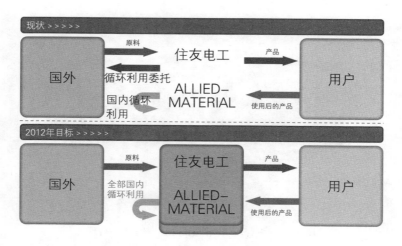

图1-43 新工厂启动后实现全部在日本国内循环利用

钨恢复到精炼后的状态。其过程与精炼相似，所得的再循环材料具有广泛的用途。生产能力达每年数百吨，只有委托给海外的1/10。针对这个问题，北川信行解释说："通过在前半部分流程中导入连续处理，在后半部分流程中提高离子交换效率，彻底落实节能处理等方法，可以将钨循环利用材料的总成本控制在与海外委托相同的程度。"

为增强成本方面的竞争力，需要国家的补助金。该公司建立工厂的总投资额约为10亿日元，其中4亿日元为国家补助金。这样一来，投资额也可以得到控制。

▶小型家电的新机制

前面介绍的压缩机稀土类磁铁和电子零件中的稀土金属，以及超硬工具中含有的钨的循环利用，都在一定程度上利用了已有机制。然而，在小型家电的稀有金属回收上，日本却没有类似的机制。

小型家电没有准确的定义，包括 DVD 播放器、小型游戏机、游戏机（除小型以外）和随身听等。东北大学多元物质科学研究所可持续社会理工学研究中心金属资源循环系统研究领域教授中村崇说："这类小型家电内大多含有稀有金属，但是含量并不多。"此外还有一个课题，那就是小型家电可以作为不可燃垃圾处理，在日本很难征收循环利用资金。

日本经济产业省在秋田县和东京都江东区等全国七个地方开始了小型家电回收事业，并在此基础上计算经济性。这次尝试总结了以下四个注意点：①以现有稀有金属价格水平来计算，必须达到 20% 的回收率；②不同地区可以采用不同的回收方法；③回收量约占总输入量的 0.2%，也就是每年 353 吨左右；④筛选技术是关键。只有站在现实角度，在小型家电稀有金属的循环利用中注意以上四点，才能逐步实现小型家电稀有金属回收的目标。

第二章

新材料战略：获取海外材料

　　虽然日本在材料领域一直很优秀，但廉价的海外产品却依旧在逐渐攻占市场。不可否认，海外产品在质量上与日本国内生产的产品尚存差距，但采用海外材料的企业也的确在增长。如何有效利用在海外制造出来的材料？为了赢得激烈的成本竞争，日本不断谋求新的材料战略。

第1节　先进企业中海外材料的实际使用情况

瞄准新兴市场，积极利用海外材料，质量上的隐患用技术解决

　　日本精工董事、执行总裁芝本英之说："我们在海外的工厂中，已经有六成在使用当地钢材了。"

　　使用海外廉价材料早已不是什么新鲜事。事实上，日本汽车厂商的国外工厂就在采用韩国生产的钢材。韩国浦项制铁（POSCO）公司的日本法人首次作为海外材料厂商加盟丰田汽车专用零件制造公司组成的"协丰会"，正是这一现象的标志性事件。

　　当然，不只日本精工和汽车厂商在这么做。爱丽思欧雅玛公司的很多产品都是在中国生产的，如服装箱这样的树脂产品，以及循环器、LED 照明等家电用品。爱丽思欧雅玛常务董事研究开发本部部长大山繁生表示："我们在中国工厂采用的钢材全部是中国制造"（图 2-1）①。

---

　　① 爱丽思欧雅玛也用过韩国厂商的部分钢材，后因运输成本较高，成本优势不突出，改为全部采用中国制造。此外，其在日本和欧洲的工厂只生产树脂产品。

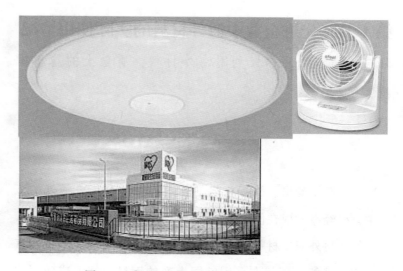

图2-1 爱丽思欧雅玛的中国工厂和代表性产品

在中国生产的 LED 照明（a）和循环器（b）。工厂是大连爱丽思生活用品公司（c），在中国生产树脂产品、电子产品以及家具等。

该公司从当地的加工商处采购了机械加工的零部件。产品中使用的大多数钢材都可以选用当地材料，如计量仪器和架子用的结构材料和线材等，并不是特殊材料。反过来说，如果是普通材料，就不会特别指定钢铁厂商。

在泰国、中国上海、印度尼西亚都建有工厂的八幡螺栓株式会社（总部位于爱知县北名古屋市）接受当地日系厂商的委托制造螺栓。该公司各工厂采购的钢材也都是当地的廉价材料（图2-2）。例如，其中国上海工厂主要使用宝山钢铁公司的钢材，泰国工厂主要使用中国钢铁公司的钢材。八幡螺栓株式会社相关人员表示："我们与当地有信誉的顶级厂商开展了贸易往来，目前在材料方面并没有遇到特别大的麻烦。"

图 2-2　八幡螺栓在海外生产的产品

根据客户需求接收订单，生产机械加工产品和锻造产品。其中采用了很多中国和韩国制造的钢材。

以上介绍的三家公司均表示其真切感受到了海外材料质量的改善，能使用的材料也确实增加了。

▶通过廉价材料锁定受欢迎的价格范围

文章开头说过，日本精工明确提出了"六成"这一数字。下面，我们就以日本精工为例来进行详细说明。

日本精工为了应对日元升值、扩大海外市场份额，致力于在新兴国家推进并扩充生产。同时，还从降低原材料费用成本、加强供应链，以及对冲汇率波动风险的角度出发，谋求提升钢材和零部件的当地采购率。

"六成"是日本精工海外生产基地 40 家工厂的平均值，根据地域有所不同。该公司在很早就有往来的地域，如美国、欧洲、巴西等，当地都有钢铁厂商，当地采购率更是达到了六成以上。此外，20 世纪 90 年代以后，其贸易往来地域扩展到了中国、韩国和东盟（ASEAN）区域，但该公司在这些国家和地区的当地采购率还没有达到六成。即便如此，其中国工厂也与三家中国厂商有了合作关系，韩国工厂则与韩国浦项制铁公司开展了贸易。而其在当地没有钢铁厂商的东盟区域的工厂，会从中韩两国采购钢材（图 2-3）。

日本精工将全公司的原材料、零部件当地采购率从 2010 年年末时的 70% 提高到了 2013 年年末的 80%。仅在钢材一项上，就用 3 年将海外厂商制造的产品采用率提高了约 10%。

日本精工急速推进采用海外材料的同时，还制定了抢占新兴国家的战略。以往，日本一直在通过高价、高功能的高端产品来竞争。但如今，汽车和工业机械的主战场已经转向了新兴国家的大众消费市场，高端产品中只剩下了轴承。瞄准大众消费市场推广普及型产品，需要制定出在该市场能一决胜负的材

图2-3 日本精工海外工厂的当地材料采购情况

在中国、北美、韩国、印度、欧洲推进钢材的当地采购计划。因为东南亚没有钢铁厂商，所以开始从中国和韩国采购。预处理是指以原材料形式交付的产品。

料战略。

汽车厂商在重要的安全零部件上追求高可靠度，虽然也曾指定使用日本的钢材，但并不只限于使用高昂的日本产钢材。因此，日本也在推行根据用途选择廉价海外材料的替代方案。

随着日本海外工厂业务的开展，海外材料、材料替代品会得到进一步发展。芝本英之说："要想用瞄准新兴国家市场的普及价格水平的产品来一争胜负，只能使用合理的材料提供合理的产品，需要有着眼于事业的新材料战略。"

▶合理使用国内外材料

日本国内外已经有多家工厂在使用海外材料，而使用海外材料时最需要注意的是质量。虽然八幡螺栓株式会社表明海外材料的质量已经达到了一定水平，称"没有大麻烦"，但这并不代表海外材料已经达到了与日本产材料相同的水平。

日本精工执行总裁芝本英之就说过，"海外钢材的采用率停留在六成的原因就是质量问题"。例如，日本精工用于轴承的钢材就存在夹杂物、钢中氧浓度异常等清洁度问题。尤其是汽车引擎周围和发电机等具有高速旋转的轴承承受的负荷较大，哪怕是一丁点的夹杂物都会导致性能下降，甚至破损。因此，如果要制造高品质的轴承，用户往往会指定使用日本制造的超高洁净度钢。海外材料依旧很难保证日本用户所要求的、严格的洁净度。

也就是说，在使用海外材料上要充分认识到海外材料和日本材料在质量上的差异，合理区分二者，进行有效利用。

日本精工用于滚珠轴承的滚珠和用于滚子轴承的滚子等零部件，采用的都是符合高负荷旋转体、高洁净度要求的日本钢材。另外，洁净度要求不那么高的外轮和内轮等零部件则逐渐用新兴国家的钢材来代替（图2-4）。

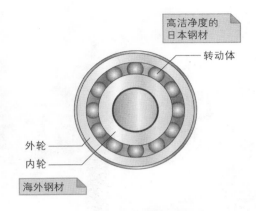

图 2-4 区分使用钢材的图示

　　有时可根据需要在高负荷转动体（滚珠或者滚子）上采用日本的高洁净度钢，外轮和内轮可采用廉价的海外钢材。

　　其他厂商也有这样的做法。YDK（总部位于东京都稻城市）在上海设立的零部件加工和装置制造受托公司旺天凯精密仪器（昆山）公司（以下简称"旺天凯精密"）就是其中之一（图 2-5）。旺天凯精密采用的中国钢材只占所有钢材的两成左右。YDK 营业本部部长增村锰昭曾表示发生过"钢材中有空隙，加工后孔洞暴露，镀膜后显现不了期望颜色"的事件。于是，YDK 采取了强度要求高的结构零部件用日本产钢材、框架专用薄板等机械特性要求不是很高的外观零部件用中国制造的钢板的措施，各得其所、各取所需。

图2-5 旺天凯精密仪器（昆山）公司的外观

接受制造委托进行零部件的加工和装置组装。

同时，增村锰昭也表示："情况是一直在变的。如果能合理、充分地加以区分利用，就能逐渐扩大海外材料的应用范围。"

▶还要开发新加工技术

如能更充分、合理地区分使用不同产地的钢材，就可以增加海外材料的使用量。其中一个典型案例，是日本精工于2009年发布的"BRICs专用轮毂单元轴承"。

轮毂单元轴承是将安装在轮胎轮毂上的零部件和安装在汽车车体上的零部件一体化后制成的。在新兴国家，BRICs专用轮毂单元轴承会被暴露在尚未铺装好的道路和被洪水淹没的道路等严苛环境中，所以需要强化封闭性以提高耐水性［图2-6（a）］。

面向新兴国家的轮毂轴承可以采用廉价的当地钢材来尽量控制成本。但是，普通新兴国家的钢材在横截面方向上有洁净度上的瑕疵。尤其在铸造时，最后凝固的中心部位会有夹杂物凝聚，发生偏析，洁净度也会下降。原本具有高洁净度和高连铸技术的日本钢材则不必担心这些问题。

于是，日本精工在中心和表面具有洁净度差异的钢材利用问题上颇费了一番功夫。具体来说，就是设计了一些加工步骤，以便在洁净度最高的、表面和中心部位的中间区域形成与高负荷转动体相接触的表面［图2-6（b）］。此外，还可以通过做成比普通钢材更大的尺寸，来应对超负荷和钢材强度不足的问题。

这样一来，从组织水平来看，海外材料的使用范围有可能迅速扩大。

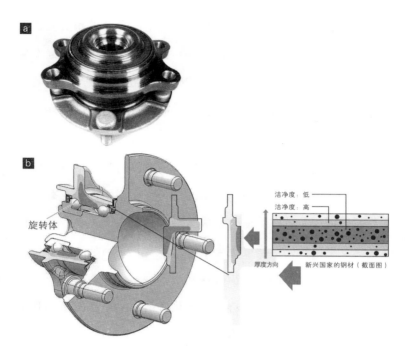

图2-6 日本精工的"BRICs专用轮毂轴承"

（a）能在恶劣道路上使用的、强化防水密封性后的产品。（b）此外，还设计出了一套能采用低洁净度部位的钢材的加工方法。具体来说，是在锻造外轮部时，加工成洁净度最高区域（图中浅灰色的部分）与旋转体接触的样子。

▶质量良莠不齐和草率加工处理等问题

除了以上利用手段之外，应用海外材料时还要注意一点，那就是和合作厂商的沟通交流。

芝本英之认为，海外材料的质量良莠不齐。但事实上，比起质量水平上的差异，质量不稳定的问题对于生产现场来说更严重。

日本精工就曾经碰见过在评估试验和试生产阶段的海外产钢材与日本产钢材相比毫不逊色，但是进入量产阶段后却出现问题的现象。问题主要有四点：①成分略有偏差；②洁净度低的钢材混入成品；③强度等机械特性不充分；④尺寸略有偏差。当然，出现这些问题并不意味着这些钢材的水平低到不能使用的程度。但是，日本精工工厂是以采用和日本钢材一样高水平、高质量、高稳定性的钢材为前提建立的。因此，日本精工对硫分量不足导致切削性变差、钢管弯曲加工时产生振动等意外情况的发生十分苦恼。

此外，很多日本企业对于海外厂商的应对手段之草率也是颇有微词。芝本英之就指出："他们没有郑重对待材料的想法。虽然日本厂商没有特意叮嘱这一点，但是海外生产商应当牢牢把握'郑重对待材料生产'这一信念。"实际上，正是由于某些海外生产商一直到交付产品都在草率应对，才导致交付上来的钢材表面伤痕累累、不得不将整批产品退货的。

爱丽思欧雅玛的大山繁生也指出曾碰到过类似问题——由于在防锈处理上不仔细，导致交付上来的零部件中存在生锈现象。

为了改进这些质量上的良莠不齐和粗劣的处理方式，必须和合作厂商进行交涉。例如，日本精工对钢材厂商提出了工序改善的要求并介入监督，仔细开展产品质量检查工作。此外，还在神奈川县藤泽市所在的研究所内对洁净度及成分不均、使用寿命等项目进行仔细评估，制造出试制品以测试产品本身的强度和使用寿命，确认没有问题后再向用户申请工序变更、获得许可。这种做法既能保证质量，又能推进海外材料的替用。

▶实现值得信赖的生产现场

质量检查和对合作厂商制造工序的监督是必需环节。爱丽思欧雅玛当然也介入了对生产商的监督，还主张对每个交付批次进行抽检，采取了一系列手段对产品强度、硬度、涂漆时所用的涂料等进行了检查。

大山繁生说："在日本，我们无论和哪里的企业进行商业合作都很放心，不会有大的差别，但是在中国未必如此。在中国进行采购很重要，关系到竞争力的强弱。"在日方看来，中国工厂的采购部门在中国组织结构中处于最重要的位置。日本厂商在增强人力的同时，还希望能参观更多合作厂商的生产现场，以便提高掌握海外厂商生产水平的能力。

当然，这不是一朝一夕就能实现的。芝本英之说："材料质量良莠不齐的问题只有在制造现场才能理解和解决。"芝本英之的目的，是实现无惧质量瑕疵的"可信赖的生产现场"。并不是要改变制造工序，而只是要说明在有些阶段，特别是在更换材料后没有立即进行工序改善的阶段，质量上的瑕疵可能会引起麻烦，要事先认识到这一点。这样"可信赖的生产场"，才是支撑新材料战略的根基。

专栏1

树脂从中国以外的国家采购，
合成木材自己制造

爱丽思欧雅玛在中国工厂使用的钢材全部采用当地钢材，但完全不使用中国厂商制造的树脂。理由很简单，价格太高。该公司常务董事、研究开发本部部长大山繁生指出："国内外的树脂产品在质量上相差不大，因此会根据国际市场变动，选择日本、韩国、中东厂商等制造的树脂中便宜一些的产品。我们还会定期开展质量检查，目前并没有遇到大麻烦。"

中国树脂材料价格高昂的原因在于，作为树脂原料的石油类产品大多依赖进口，树脂生产成套设备也大多是海外的成套设备厂商制造的，设备密集型产业导致低廉的人工费很难成为突出优点。爱丽思欧雅玛原本都是从几家公司采购树脂以降低采购风险，然后自己组合成型。混合使用的情况相对较多，因此区分使用和调整比较容易，质量上的差别也很小。

台湾机械加工、机械组装厂商多富电子（昆山）公司吸纳了日本厂商的资本。该公司也表示："我们一直使用欧洲厂商生产的树脂。"但其理由还包含对当地材料质量的担忧。两家公司都表示并不限于使用日本厂商生产的树脂。

爱丽思欧雅玛还生产服装架等家具类产品，因此也需要木材。其一直使用刨花板①的合成木材，但这些木材都是该公司自己生产的。原因是，能提供低甲醛挥发量板材的中国厂商极少。

专栏 2

日本国内工厂也开始采用海外钢材，
进口量扩大

日本并不是只有海外工厂才使用海外厂商生产的材料。实际上，日本国内工厂也在采用海外材料，具有代表性的就是钢材。廉价的中国制造和印度制造钢材生产量增加，在全球都有

---

① 刨花板：在木材或其他植物纤维的小片（颗粒）上涂抹合成树脂黏接剂，热压成型为一定面积和厚度的板状产品。

流通，这已成为现实。

其中，中国的粗钢生产量在最近二十年有了飞跃式提高。2000年，其生产量已经跃居世界第一，比美国和日本略高。但此后，中国以年均增长率近18%的速度发展，10年间粗钢生产量增长了近6倍（图2-7）。虽然从图表上很难看出，但是印度的生产量也在不断增长。2008年"雷曼冲击"之后，只有中国和印度的钢材生产量没有减少。

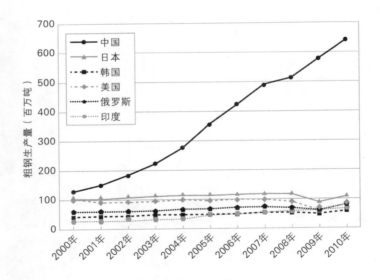

图2-7 主要国家的粗钢生产量的推移

2000年以后，许多国家基本持平，但中国每年的生产量都在增加，2010年的生产量达到了2000年的近6倍。只有中国和印度在2008年的"雷曼冲击"之后没有减少生产量。本数据基于World Steel Association的资料编写。

　　日本贸易振兴机构（JETRO）的贸易统计数据库显示，日本国内的钢铁进口额在"雷曼冲击"后的 2009 年才开始大幅下降，但其后又急速回升。特别是来自中国大陆、韩国、中国台湾地区的进口额很大（图 2-8）。这一倾向在塑料上也有同样体现。虽然塑料方面的表现没到钢铁这样的程度，但也是除了"雷曼冲击"后的 2009 年以外，进口额在一直增长的。尤其是来自中国大陆和韩国的进口，一致在保持增长（图 2-9）。

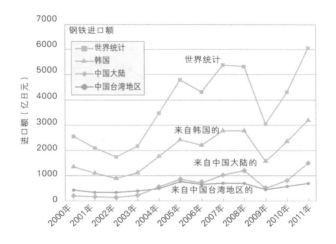

图 2-8　日本的钢铁进口额

　　受 2008 年"雷曼冲击"影响，2009 年日本钢铁进口额下降，此后海外钢铁进口额急剧上升。本数据根据 JETRO 的贸易统计数据库编写。

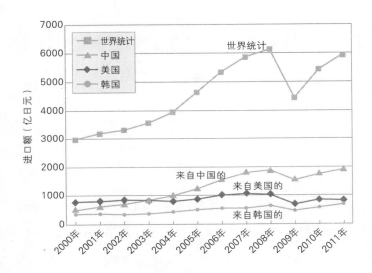

图2-9　塑料进口额

　　与钢铁相同，受2008年"雷曼冲击"影响，2009年进口额有所下降，其后增加。尤其是来自中国的进口额甚至超过了"雷曼冲击"之前2008年的水平。本数据基于JETRO的贸易统计数据库编写。

第2节　技术人员描述的海外材料的实力

从便宜、质量差,到如今实现产品功能的必不可少

　　为了明确海外材料的实力,《日经制造》于 2012 年 6 月 22
日~7 月 5 日在网站上对技术人员进行了问卷调查。结果显示,
近 5 年来, 有部分材料从日本厂商制造的产品转变为用海外厂
商制造的产品替代。而这些技术人员的回答是, 已经有近六成
的材料由海外厂商制造并提供。日本无比重视的材料领域, 如
今也在朝着采用海外材料的趋势在发展。

▶最大的理由是价格吗?

　　海外材料的最大魅力在于价格便宜。回答使用过海外材料
替代的技术人员占到了八成以上, 他们给出的理由是"便宜"
(图 2-10)。从替换的材料来看, 涉及 "钢材"(15.9%)、"非铁
金属"(16.5%)、"通用型热塑性树脂"(9.3%) 等, 面很广, 没
有明显偏好 (图 2-11)。也就是说, 金属、树脂、陶瓷等材料领

域，海外材料均以价格优势为武器侵入日本材料市场。而且，不仅是海外工厂，日本国内也出现了同样的趋势。

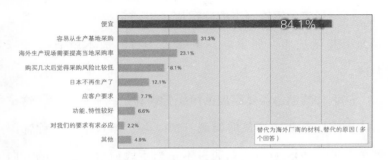

图 2-10　采用海外材料的动机是"价格"

采用海外厂商制造的材料的最大理由是价格低廉。其中，八成参与者列举出了这个理由。回答总数为 182。

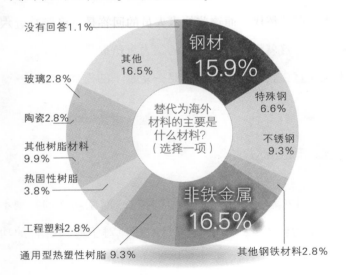

图 2-11　钢材和非铁金属比较突出

替换为海外厂商的材料、素材有很多领域，不过"钢材"（15.9%）、"非铁金属"（16.5%）比较突出。回答人数为 182。

日本特别占优势的特殊材料领域也不例外。例如，吉川精密（总部位于北九州市）在马达机芯和定子上采用了中国钢铁厂商——宝山钢铁制造的硅钢片（电磁钢板），目的当然也是为了降低成本。如果能达到量产，材料成本就有望下降两成。

硅钢片的制造需要高度的组织管理和组织掌控能力，这是日本钢铁厂商非常擅长的领域。2012 年，新日本制铁称韩国浦项制铁（POSCO）公司通过不正当手段窃取了公司的方向性电磁钢板技术，对韩国浦项制铁公司提起诉讼。因为新日本制铁深信，这项技术不是简单模仿就可以实现的。

中国制造的硅钢片虽没有方向性电磁钢板那么高级，但也能被采用，这就证明海外材料的实力有所提高。如今，海外材料不仅便宜，在功能上也能满足一定水平的需要。

▶**质量的确提高了**

图 2-12 就是证明。回答替代材料"对于功能的实现不可或缺"的占到了 42.9%，可见日本用户对于海外材料的功能给予了一定肯定。

另外，质量究竟如何呢？前面我们提到，日本曾提倡实施以海外材料质量不如日本为前提的区分使用战略。这是因为，

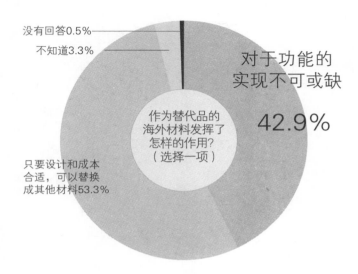

没有回答0.5%

不知道3.3%

对于功能的
实现不可或缺

42.9%

作为替代品的
海外材料发挥了
怎样的作用?
（选择一项）

只要设计和成本
合适，可以替换
成其他材料53.3%

图2-12　重要零部件也采用海外材料

针对"对作为替代品的材料如何定位?"的提问，回答"只要设计和成本合适，可以替换成其他材料"（53.3%）的超过半数，回答"对于功能的实现不可或缺"（42.9%）的占了四成以上。可以说，日本对海外材料产生了一定的信赖。回答人数为182。

如果把二者的质量按照等同来处理，在设计上不做变更，就有可能发生无法预料到的麻烦。日本在对可替代材料的质量进行评价后发现，这些材料中"比过去的材料稍微差一点"（39.6%）的占了约四成，仅考虑这一点就必须进行区分使用（图2-13）。

但是，回答质量"比过去的材料好"（6.0%）和"与过去的材料相当"（53.3%）的占了约六成，可见海外材料不仅是

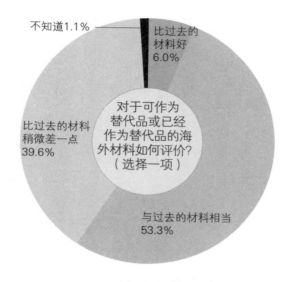

不知道1.1%

比过去的材料好 6.0%

比过去的材料稍微差一点 39.6%

对于可作为替代品或已经作为替代品的海外材料如何评价?（选择一项）

与过去的材料相当 53.3%

图2-13　对质量也有一定肯定

　　对于质量，回答"比过去的材料好""与过去的材料相当"的占了近六成。由此可见，海外材料"便宜、质量差"的印象正在逐渐消退。回答人数为182。

功能上，在质量上同样也有了提高。"便宜、质量差"的印象在消退。

　　因此，替代海外材料带来的影响较小。"使用海外材料时进行设计上的变更"与"使用海外材料时进行生产、加工工序上的变更"的回答各占到两成多，近四成回答"没什么特别影响"（图2-14）。在此背景下，如图2-12所示，得到了"只要设计和成本合适，可以替换成其他材料"（53.3%）的回答。此时虽然使用的是海外材料，但基本无须考虑区别对待。

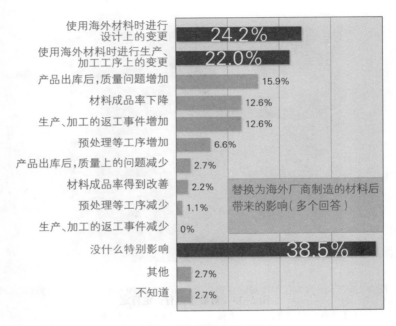

图 2-14 替代材料的影响很小

　　替换为海外厂商制造的材料后"没什么特别影响"（38.5%）的回答比例达到近四成，最多。但还是有两成多回答需要"进行设计上的变更"（24.2%）和"进行生产、加工工序上的变更"（22.0%）。回答人数为 181。

　　当然，重要性较高的部位进行材料替代时仍然需要采取变更设计等手段。例如，丰田汽车在设计面向新兴国家的低价位小型汽车"Etios"时，因为不能使用 500MPa～1000MPa 级的日本产高价高张力钢板而改用 440MPa 级的当地廉价钢材，并为此增加了零部件的厚度以确保强度（图 2-15）。

图 2-15　丰田汽车在印度制造并销售的、面向新兴国家的小型汽车"Etios"

通过使用当地钢材等措施降低成本。在重要部位采用当地钢材时，必须进行设计上的变更。

▶日本在材料领域很强只是假象吗？

从以上内容可以看出，海外材料的实力的确在提高，可以预见今后这种材料替代的趋势还会继续发展。

图 2-16 中，"在研究使用海外厂商制造的材料"的回答者超过了五成 ［图 2-16(a)］，回答"今后会加大采用海外厂商制造的材料"的回答者实际上已接近八成 ［图 2-16(b)］。在调查"今后是否会积极使用海外厂商制造的材料"时，回答

"如果符合条件，会积极使用海外材料"的回答者接近六成
[图 2-16(c)]。

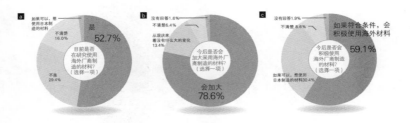

图 2-16　采用海外材料的意愿很强烈

采用海外材料的意愿很强。(a) 回答"是"的回答者超过了半数。
(b) 在询问今后是否会加大采用海外厂商制造的材料时，"会加大"的回
答者占到了近八成。(c) 回答"如果符合条件，会积极使用海外材料"
的回答者约六成。回答者人数为 313。

新日铁住金不锈钢主管、营业部副部长吉井郁雄表示：
"日本厂商对成本控制很严格，如果是物美价廉的材料一定会
积极采用。"

进一步调查意外发现，用户都不会只限于采购日本生产的
材料。在被问及替代为海外厂商制造的材料前，使用日本生产
的材料的理由时，回答最多的是"实际效果好"，而回答"只
有日本厂商才能制造"的回答只占了一成左右（图 2-17）。

针对"非日本厂商制造不可的材料"这一问题，回答排
名前三的分别是"特殊钢（高张力钢板、电磁钢板等）"
（31.3%）、"工程塑料"（16.6%）和"陶瓷材料"（13.1%）。

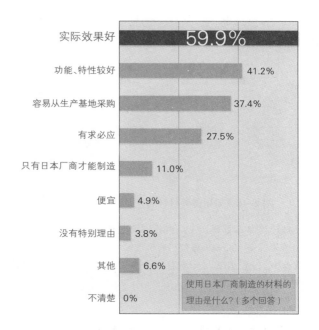

图 2-17　日本生产的材料优势在于"实际效果"？

回答"实际效果好"的占到 59.9%，回答"只有日本厂商才能制造"的只占一成左右。回答人数为 181。

实际上，相比工程塑料，回答"没有特别限制"（29.1%）的人数更多，主要是迫于位列第一的特殊钢的需求（图 2-18）。

技术人员的真实心声是：评估和设计变动等负担很重，且有可能导致意外麻烦的发生，所以还是想避免材料变更。然而，激烈的全球竞争不允许这么做。此时，对于不局限于使用日本制造的材料的用户来说，海外材料就成了强有力的选择项

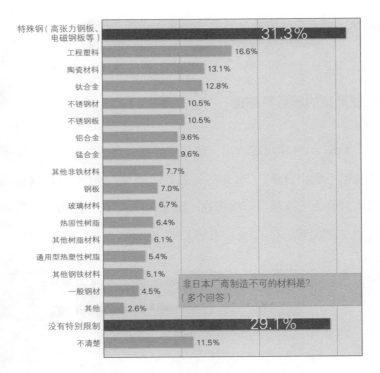

图 2-18　并不一定局限于日本产的材料

　　针对"非日本制造不可的材料"，回答"特殊钢材"的人较多。其中，回答人数可与之匹敌的是"没有特别限制"，回答者没有强烈要求必须局限于日本制造的材料。回答人数是 304。

之一。

　　日本材料所构筑的实际效果也不过是过去成果的积累，并不一定能正确反映现在的质量。八幡螺栓执行董事伊藤嘉邦甚至提出了一种极端说法，认为"实际效果并没有明确的根据，可以说是一种执念"。图 2-14 所示的材料替代"没什么特别影响"对于今后海外材料的替代起到了推动作用。

▶使期望的质量更稳定

从图 2-19 中可以看出，使用海外厂商制造的材料时，最受重视的不是"价格"（78.0%），而是"质量"（81.2%）。这也是日本厂商无比重视质量的表现。图 2-10 所示的采用海外材料的理由中，"便宜"（84.1%）占第 1 位，但前提仍是"确保质量"。

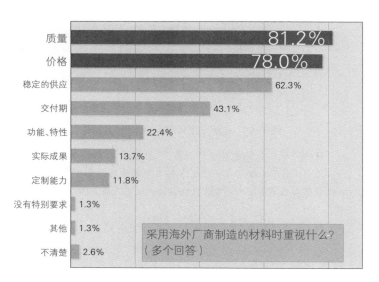

图 2-19 采用海外材料时，重视质量和价格

采用海外材料时重视的是"质量"（81.2%）和"价格"（78.0%）。看中便宜的前提，是保证质量。回答人数为 312。

对海外厂商制造的材料抱有期待的也同样是"质量"。具体来说，是"稳定的质量"（72.2%）和"质量的改善"（64.5%）（图2-20）。如上一节描述的那样，采用海外厂商制造的材料直面的大课题之一，是质量不稳定。日本厂商因无法断言"这次质量没问题，所以下次也没问题"，所以一直心怀担忧。回答"稳定的质量"的人数最多，表明希望改善这一点的愿望十分强烈。

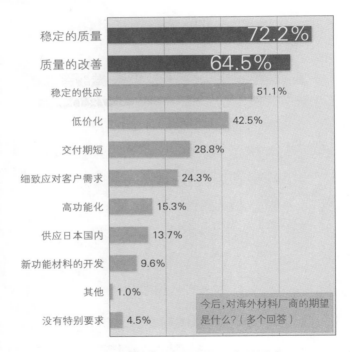

稳定的质量　72.2%
质量的改善　64.5%
稳定的供应　51.1%
低价化　42.5%
交付期短　28.8%
细致应对客户需求　24.3%
高功能化　15.3%
供应日本国内　13.7%
新功能材料的开发　9.6%
其他　1.0%
没有特别要求　4.5%

今后，对海外材料厂商的期望是什么?（多个回答）

图2-20　对海外材料的要求是"质量的稳定"

对于海外材料，期望"稳定的质量"（72.2%）和"质量的改善"（64.5%）的回答者比较多。回答人数为307。

▶期望日本厂商能在产品价格和功能上取得更大进步

对日本材料厂商的期望排在第 1 位的是"低价化"（68.4%），第 2 位的是"新功能材料的开发"（42.5%）（图 2-21）。对海外材料要求的"稳定的质量"（28.4%）和"质量的改善"（22.7%），则都停留在 20% 左右。

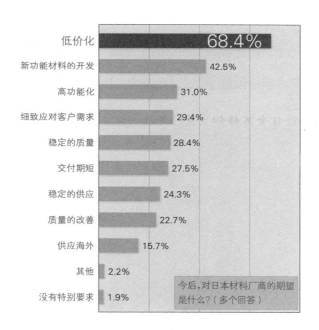

图 2-21　对日本材料期望的是"低价化"

对于日本材料，回答者近七成都表示期望"低价化"。"新功能材料的开发"和"高功能化"的呼声比较低，均不满半数。回答人数为 309。

这样来看，用户对日本厂商和海外厂商的要求是完全不同的。对海外材料厂商期望的是具有一定质量水平的通用型材料，以及合适的供应价格。而对日本材料厂商期望的是价格上更优惠。同时，还期望日本厂商能制造出高科技、高功能材料。

日本开发出低资源消耗、低价格的、其他国家无法模仿的新材料

新日铁住金不锈钢主管、营业部副部长吉井郁雄说："我们开发出了百年一遇的新产品。"该公司开发的高纯度铁素体不锈钢新钢种"NSSCFW"（以下简称"FW"）系列不含稀有金属镍（Ni），铬（Cr）的使用量也低。其特征，在于通过添加微量的锡（Sn）提高耐腐蚀性（图2-22）。

耐腐蚀性与通用型不锈钢的代表钢种"SUS304"和"SUS430"相当，稀有金属含量较少，因此性质稳定且价格低廉，可以保持供应。作为能够替代"SUS304"和"SUS430"的一般用途产品，该公司将FW系列作为未来的主打钢种，在日本国内外扩大销售。

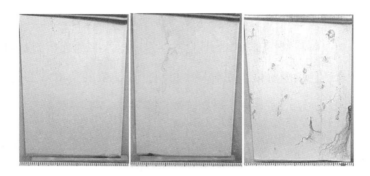

图 2-22　腐蚀试验的结果

喷洒含有 0.5% 的氯化钠和 2% 的过氧化氢溶液，并在 35℃ 环境下放置 24 小时后得到的结果。"NSSCFW2" 显示出优于 "SUS304" 的耐腐蚀性。

新材料的诞生融合了两家公司的技术

被广泛采用的奥氏体不锈钢 "SUS304" 含有质量百分比为 18% 的铬和 8% 的镍。铁氧体不锈钢 "SUS430" 虽然不含镍，但是与 "SUS304" 一样，也含有质量百分比为 18% 的铬。铬和镍根据市场行情不同，价格变动也很大，导致不锈钢的价格高涨。

FW1 和 FW2 通过分别添加质量百分比为 0.1% 的锡和 0.4% 的锡，并分别将铬的含量控制在 14% 和 16% 来确保耐腐蚀性。一般来说，添加锡后材料会容易变脆，冲压时容易发生开裂。因此，过去普遍认为 "锡是麻烦的东西"。而 FW 系列产品颠覆了这一观点。

原本，FW 系列产品是在新日本制铁和住友金属工业的不锈钢部门合并后开始开发生产的、只有该公司才能生产的钢种。实际上，从合并之前开始，住友金属工业就研究发现添加微量的锡可以达到提高耐腐蚀性的效果。但那时的住友金属并没有将之应用于新钢种的开发。与之相对，新日铁开发出了通过降低"SUS430"的碳和氮的含量以提高加工性和耐腐蚀性的高纯度铁氧体的制造技术。合并后的新钢种开发中，通过添加微量锡提高耐腐蚀性的技术才终于拨云见日，而FW系列产品正是应用新日铁制造技术生产出来的产品。

FW系列产品已经在锅具等系统厨房，以及厨房用品、业务用冰箱、洗衣机滚筒、建筑材料和油罐等领域得到了广泛使用（图2-23）。吉井郁雄表示："日本用户十分了解不锈钢，

图2-23　FW2的使用案例

用于系统厨房的橱柜。

考虑到能节省资源和降低成本，他们使用的意愿都很强烈，也很擅长熟练使用好材料。"在对"SUS304"和"SUS430"的灵活使用并不十分发达的海外，铁氧体不锈钢相对奥氏体不锈钢要低一级，用户对于这一材料的采用还比较犹豫。

新日铁住金雄心勃勃地表示："我们要成长为让其他钢铁厂商需要向我们取得制造许可后才能进行生产的程度。"

第三章

终于觉醒：最后的轻量，金属镁

镁合金给人的印象是"易燃""难加工""贵"。它曾作为一种轻量化材料备受期待，却没能实现广泛利用。现在，镁合金也在慢慢发生变化。随着材料技术和加工技术的发展，镁合金正成为一种安全、方便的轻量化材料，在电池和氢气存贮等能源领域大展身手。跨越低谷后，镁终于能发挥它真正的实力了。

第1节　告别"易燃""难加工"，镁合金发生巨变

镁(Mg)合金在实用金属中最轻，比强度高。它可以用于笔记本电脑（PC）、汽车零件、照相机外壳等领域。这种材料本身并不稀奇，但却没能广泛利用，未能如期待般实现实用化。

▶与期待背道而驰

日本于 1980 年发展压铸技术，镁合金开始普及。进入 20 世纪 90 年代后，触变成型技术①的导入引起了人们的关注，家电、笔记本电脑以及照相机外壳制造商开始竞相使用镁合金。1995 年以后，出现了镁合金外壳的笔记本电脑，整体呈暗银色，因此又被叫作"银色电脑"，风靡一时，带来了笔记本电脑热。当时，日本国内对镁的需求大大增加。

———————————

①　触变成型技术：使半熔融状态的镁合金注射成型的技术。

但是，镁的使用却没有到普及的程度。2004 年左右，日本国内对镁的需求达到顶峰，2007 年刷新最高纪录，后因受到"雷曼冲击"的影响，镁需求降低，年需求量在 4 万吨左右徘徊（图 3-1）。尤其是在汽车行业的应用没有实现预期构想[①]。

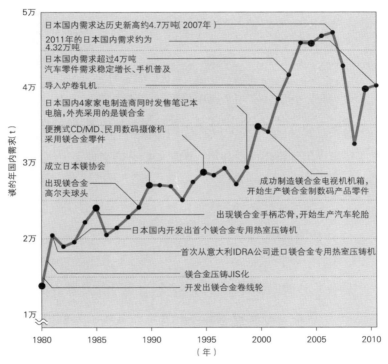

图 3-1　镁的日本国内需求推移

1990 年到 2005 年之间需求大幅增加，2004 年达到顶峰。数据源自日本镁协会的资料。

---

① 德国宝马（BMW）在大型零件，如汽缸中使用镁合金，但日本只在手柄芯骨、电子控制单元（ECU）、油盖等小型零件上小范围使用镁合金。

　　为什么轻量化的镁合金并没得到发展呢？因为镁合金有易燃、难加工、成本高等诸多缺点。此外，如果将镁合金用作目前主流的压铸等的铸造材料，尺寸精度和表面性状上还有困难。这些问题彻底掩埋了镁这种实用金属中"最轻量"的优点，导致其用途和需求逐渐减小。

　　但是，镁合金现在要一雪前耻。它作为一种不燃烧的合金出现，随着金属组织控制技术和加工技术的发展，镁合金之前出现的问题正逐渐被解决。

　　另外，使用这种材料的公司之间的轻量化竞争愈演愈烈。例如，在平板设备和智能手机等移动终端领域，"就算增加成本，也要置换成轻量化材料。2011 年以后，来自海外的镁合金压延材料询价越来越多"（日本金属）。追求节能的航空器材、铁道、汽车等运输设备领域，以及需利用轻量化材料增强便利性的拐杖、轮椅等福利设施领域，也逐渐表现出想要使用镁合金的意愿。

　　就这样，随着材料技术和加工技术的发展，轻量化竞争越来越激烈，沉睡的镁合金实力即将苏醒。

▶具备耐热性能的新合金相继出现

　　镁合金是如何进化的呢？我们将从镁合金本身的进化、加工进化以及用途进化三个方面进行拆解。

首先，镁合金本身的进化可以分为两个方面。第一个方面是不易燃，如现在出现了一种克服了镁易燃、不易扑灭等缺点的镁合金。熊本大学于 2012 年公布了"KUMADAI 不燃镁合金"材料。其开发基础"KUMADAI 耐热镁合金"在 900℃以上不会起火，"KUMADAI 不燃镁合金（进化版）"则完全不会燃烧。此外，该镁合金强度高，可以应用在重视难燃性的飞机等结构材料上（图 3-2）。

图 3-2　KUMADAI 耐热镁合金钢坯

直径 177mm。照片中，后面是铸造木材，前面是表面切断后的剥皮状态。KUMADAI 耐热镁合金是 KUMADAI 不燃镁合金开发的基础。

第二个方面是更轻。关于这一点，消费者经常听到的一个词是镁锂合金①。2012 年 8 月，NEC Personal Computer（NECPC）发布了全球首个使用镁锂合金的量产笔记本电脑"Lavie Z"（图 3-3）。A4 大小，重量不到 900g，超轻便。

图 3-3　采用镁锂合金的 NECPC 笔记本电脑"Lavie Z"

底部机壳采用镁锂合金，表面机壳采用压铸的镁合金。A4 大小，非常轻。

NECPC 一直尝试制造出轻量化笔记本电脑，先后得到了精于镁合金加工的 KASATANI 公司、材料制造商、表面处理厂商和涂装厂商等的帮助，在全球首次成功实现镁锂合金量产化。

———————————————

① 镁锂合金于 20 世纪 60 年代由美国国家航空航天局（NASA）开发。当时用在航天产业和军事产业，民用产业由于碰到上述问题，没能实现大范围使用。

▶开辟冲压加工新道路

接下来，是加工技术的进化。其代表是锻材。

目前，镁合金的结构材料主要通过压铸等工艺制成。为了能将镁合金应用于更有创意、强度更高的大型结构材料中，需要挤压、冲压、锻造等塑性加工技术，为此材料必须符合要求。锻材符合这些要求，也推进了镁合金作为结构材料的广泛利用。

例如，东芝于 2013 年春天发售的笔记本电脑 "dynabook KIRA" 中，采用了住友电气工业（以下简称"住友电工"）制造的镁合金 "AZ91" 板材，经过冲压加工作为顶板，保留了金属光泽（图 3-4）。

AZ91 很难进行塑性加工，一直以来只能采用压铸和触变成型技术。住友电工通过压延时的金属组织控制成功制造出锻材，实现了可冲压的板材。大量生产的情况下，可以以与压铸的结构材料一样或者更低的价格进行制造。

权田金属工业（总部位于相模原市）从 2013 年开始减少镁合金锻材成本的研究项目。成本削减目标是从每千克 4000 日元减少到 2000 日元，即削减一半。

权田金属工业于 20 世纪 90 年代开发了通过急冷却制造细

图3-4　东芝笔记本电脑"dynabook KIRA"以AZ91板材为顶板

采用的是住友电工经过冲压加工的AZ91板材。经过化学转化膜处理之后再进行拉丝加工，最后涂以清漆。

化晶粒铸造板的技术，即"GTRC"①。普通双辊铸轧法的速度为2~3m/分，与此相对，新技术可达其10倍以上。目前，权田金属工业主要批量生产AZ61的薄板②，并以新技术为基础，改善辊和熔融金属的供给方法，降低成本。

---

① "GTRC（Gonda Twin Roll Casting）"技术，原型是向双辊之间浇注镁合金的熔融金属进行铸造的双辊铸造工艺。

② GTRC还能制造含钙（Ca）的难燃性镁合金板。

▶挑战能源问题

最后是用途进化，即不仅将镁合金用于结构材料，还尝试用在燃料电池、氢气存贮等能量相关的材料上。其实，大家很早之前就知道镁合金在理论上可以用作以上用途，只不过它的能力没有被完全挖掘出来，由于其易腐蚀，所以很难应用于工业领域。

当然，情况正在发生改变。东京工业大学及东北大学开发的镁燃料电池就是其中的代表。这款电池能提高原电池，即燃料电池的性能，并延长其寿命。

此外，在氢气存贮方面，镁合金可以用作贮氢合金。关注到这一点的是 Biocoke Lab 公司（总部位于东京）。该公司已经研发出能简单安全地搬运、存贮氢气的技术，并开始销售商品。

▶中国和韩国

不仅日本，中国和韩国也在密切关注克服难题、储蓄实力的镁合金。

例如，韩国钢铁制造商浦项制铁公司（POSCO）于 2012 年 11 月完成了镁精炼工厂的建设。压延工厂可以大量生产 2m

宽的板材。韩国的镁锭料一直依赖于从中国进口，现在想要转换成本国生产。此外，韩国政府投资 250 亿日元的材料研究项目中，镁是其中之一。

反观日本，虽然技术领先，但是韩国等其他国家正在快速追赶日本。镁的潜力很高，且实用化难度也在降低，如果不加大开发和应用力度，难保不会被捷足先登。

镁合金材料特性：虽然轻，但难利用

镁密度约为 $1.8g/cm^3$，低于钢（$7.8\ g/cm^3$）的 1/4，是铝合金（$2.8g/cm^3$）的 2/3 左右，所以比强度（比强度与密度的比）很高。如果单纯作为悬臂需要确保同样的抗弯刚度的话，镁的质量只需钢的 1/3。也就是说，在悬臂质量相同的情况下，镁的抗弯刚度是钢的 18 倍。而且，海水中镁含量丰富，无需担心枯竭问题。

镁合金有许多种类，目前普遍使用的是含有 9% 铝（Al）、1% 锌（Zn）的铸造用"AZ91"。其中，"A"和"Z"分别指的是添加元素，"9"和"1"指的是添加元素的含量。一般来说，镁合金中铝含量越多耐腐蚀性越强，但易破损，不适合塑性加工。与之相对，铝含量为3%左右的"AZ31"虽然耐腐蚀性差，但可进行塑性加工，近几年多用于冲压和挤压。

易燃、易锈

此外，镁合金还存在四个问题。第一个问题是自燃点低，550°C ~600°C就会燃烧。虽然块状物不会轻易燃烧，但粉末或条状等小金属片一遇火星就会被点燃①。为此在机械加工时需十分注意，很难处理。这也是镁没有广泛应用于飞机和火车上的一个原因。

第二个问题是耐腐蚀性差。镁易和水、酸发生反应，在空气中易氧化，所以必须对转化膜和阳极氧化膜进行表面处理。由于镁没有像铝合金一样普及，所以镁的"表面处理技术开发一直在被延迟"（镁合金研究人员）。

第三个问题是供给风险。虽然不用担心镁会枯竭，但目前镁的世界需求的80%以上都在由中国生产，日本进口的镁基本上也都是中国生产的。所以，中国的生产调整会给日本市场的原材料价格带来巨大影响。

第四个问题是成本。镁的原材料价格仅是铝的 1.3 倍左

---

① 一旦燃烧还很难扑灭。如果用水扑灭，镁会与水分子中的氧气发生反应，氧化之后产生氢气，会进一步造成燃烧。因此，灭火只能使用特殊灭火剂。

右，但加工成本高，所以镁合金板材和挤压材料的价格高出铝合金数倍①。但由于其产量小，随着制造商品增多，需求增加，价格也有可能下降。

压铸之外，还有其他锻材

今后，锻材的活用会逐渐加速。2011 年日本镁协会为了提高镁合金在火车车辆结构材料上的使用，设立了"镁合金高速车辆构体实用化技术委员会"。铁道相关厂商、车辆制造商、材料制造商、表面处理制造商等也参与其中，开展了一系列活动。

日本经济产业省于 2013 年公开招募的国家项目《创新新结构材料等技术开发》中，镁合金也被包含在内。该项目计划开发提高运送器材的结构材料的强度的技术，参与上述委员会的企业也参加了这个项目。其中一家公司——三协立山的三协材料公司技术开发统括室制品技术部镁技术课课长清水和纪表示："我们想以廉价的原材料实现与新干线中使用的铝合金

---

① 2000 年初期，镁的原材料价格曾低于铝。

'6NO1'相同强度的镁合金。"

另一个参加企业——日本金属开发的"TMP"可以实现镁合金的冷成型。通过压延时控制结晶的方向，实现了在室温情况下进行塑性加工。

此外，还有锻造成本削减项目。日本产业技术综合研究所与宫本工业（总部位于东京）开发了200℃以下的低温锻造技术。不仅能延长模具寿命，低温时还能使用水溶性的润滑剂，从而降低成本。

第2节　熊本大学、不二轻金属研发"不燃耐热合金"

超过熔点不燃烧、继续沸腾，有望用于火车与飞机制造

　　镁（Mg）具有自燃点低、易自燃的性质。但其实，镁还有一种可以颠覆这一性质的新合金，即熊本大学研究生院自然科学研究科、工学部教授河村能人开发的"KUMADAI 不燃镁合金"（不燃镁合金）。这一发现为追求难燃材料的飞机和火车制造领域带来了新希望。

▶强度等同于7075铝合金

　　将不燃镁合金从熔炼炉中取出暴露在大气中不会和普通合金一样自燃，用燃烧炉加热不会起火，超过纯镁的熔点（1091℃）后也不会燃烧，只会沸腾［图 3-5（a）］。也就是说，不燃镁合金"完全不会燃烧"（河村能人）。这就是它的名字不是"难燃"或"耐热"，而是"不燃"的原因。这一特性，让不燃镁合金的熔解和铸造变得非常简单。

常温下强度很高，屈服强度约为460MPa，等同于7075铝合金（A7075）[图3-5(b)]。所以，不燃镁合金不仅不燃烧，机械强度也十分优秀。这也是飞机和火车制造商对其感兴趣的原因。

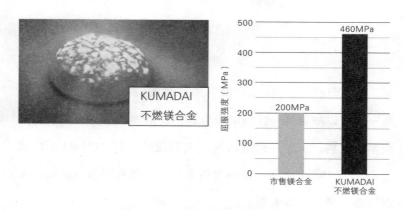

图3-5　KUMADAI不燃镁合金的特性

（a）用燃烧炉加热到1000℃以上也不会起火，只会沸腾。（b）屈服强度高，是市售镁合金的2倍多。（图片来源：science chanel）

此外，不燃镁合金还不使用稀有金属。虽然其构成尚不明确，但是其添加的元素全部是低价的普通金属。

下面会提到，在不燃镁合金被开发出之前，河村能人开发的"KUMADAI耐热镁合金"（耐热镁合金）曾因添加元素中含有稀有金属钇（Y）而导致成本过高，但不燃镁合金在成分上仍有望实现低成本化。并且，因其"完全不会燃烧"，所以无须担心加工产生的粉末起火，可以随意切割加工。它的难点，在于高温时强度下降。

2011 年，为了完成不燃镁合金和耐热镁合金的开发、特性评价，解开不燃、难燃化机制，实现其广泛应用，熊本大学在校内成立了"熊本大学尖端镁国际研究中心"（MRC），加速了开发进程。该中心内配备了 400kg 的熔炼炉、580t 的热挤压成型装置，以及可以测试成分和机械强度的分析装置。

▶**高性能急冷，容易铸造**

不燃镁合金是在另一种合金的基础上开发的。前文也提到过，该合金就是河村能人在 2000 年左右开始一直在开发的"KUMADA 耐热镁合金"。它是添加了 2at% 左右的钇（Y）和 1at%~2at% 的锌（Zn）制成的合金，自燃点最高达到 940℃，比一般的镁合金高 300℃。此外，其抗腐蚀性和强度也很高，和不燃镁合金同样有着优秀的发展前景。

耐热镁合金根据其制造方法可分为两种。一种是使其急冷凝固制造的"同急冷凝固耐热镁合金"（急冷耐热合金）。另一种是铸造锭料挤压成型制成的"同铸造耐热镁合金"（铸造耐热合金）。前者是用薄带连铸方式将熔融金属急冷凝固制造合金薄片，然后冲压预成型后挤压加工成型。制造过程烦琐但有很多优点，后文中会提到。与之相对，后者与急冷材料相比性能较差，但制造方法相对简单。

现有的难燃性镁合金，知名的有产业技术综合研究所（产综研）开发的合金①。它的自燃点虽然可达810℃高温，但是强度和普通镁合金无差别。与此相对，耐热镁合金比产综研的难燃性镁合金自燃点高100℃，且强度和耐腐蚀性也更优异。

实际上，与A7075相比，铸造耐热合金的比屈服强度约为其1.3倍，急冷耐热合金更高可达2倍以上［图3-6(a)］。最大的特点是"在高温特性上有优越性"（河村能人）。铸造耐热合金、急冷耐热合金在200℃时的比屈服强度都大幅度超出杜拉铝（A2219）和高强度镁合金（WE54）②［图3-6(b)］，并且成型性强，比主流热成型的锻材"AZ31"更易成型。

此外，在耐腐蚀性方面，铸造耐热合金和不耐腐蚀的AZ31大致相似甚至更差，急冷耐热合金则比现有镁合金，甚至比A7075高2倍左右［图3-6(c)］。

▶铸造耐热合金螺丝的商品化

熊本大学发现的镁合金有铸造耐热、急冷耐热、铸造不燃

---

① 添加1%~2%质量比的钙（Ca），使其具有难燃性。
② WE54：添加了钇（Y）和稀土元素的高强度镁合金。

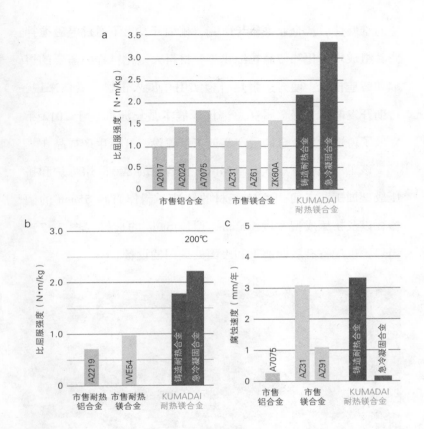

图 3-6 铸造耐热镁合金的特性

（a）常温下的比屈服强度（屈服强度与密度的比）比铝合金高。

（b）特别是高温（200℃）时，其强度高于铝合金和其他耐热镁合金。

（c）铸造耐热合金的耐腐蚀度比市售镁合金差，但是急冷耐热合金耐腐蚀性比铝合金强。市售合金都是经过热处理制成。

三种类型。其中，制造相对简单的铸造耐热合金比较容易实用化。21 世纪初，河村能人发现添加钇和锌能大幅度提高镁合金的难燃性后，企业也参与研究，相继开发出了通过电磁搅拌使其组成均一化和使晶粒细化等，材料大型化过程中需要的熔解和铸造技术，使铸造耐热合金实用化步入正轨。具体来说，协助开发的不二轻金属（总部位于熊本县长洲町）于2012年完成了铸造耐热合金的量产实证工厂建设，开始生产样品。

　　该工厂配备有熊本大学 MRC2 倍容量的 800kg 熔炼炉和挤压成型加工机，可以完成坯材的铸造、制作直径 55mm 的圆棒，以及挤压成型宽度 100mm×厚度 5mm 的板材（图 3-7）。当然，也配备有后期加工和表面处理用的设备。

图 3-7　不二轻金属的量产实证设备

　　（a）800kg 的燃烧铸造设备。（b）锻造设备。其他，还配备有机械加工和表面处理、压制、摩擦搅拌等设备。可月生产 10 吨。

　　表面处理方面，则开发适合耐热镁合金的化学转成膜处理和阳极氧化被膜处理技术。两者都需要专用处理液，月产量是 10 吨。

使用铸造耐热合金制造的产品已经登场。MARUEMU 制作所（总部位于大阪府大东市）发售的铸造耐热合金制螺丝，可用于制作大型结构材料时镁合金制零件间的连接。其由久留美专门学校、不二轻金属和 MARUEMU 制造所合作共同开发。在开发专用的轧制设备后，才终于实现了实用化（图 3-8）。

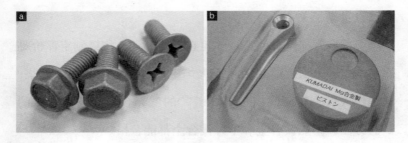

图 3-8　铸造耐热合金样品

（a）MARUEMU 制造所发售的铸造耐热合金螺丝。（b）不二轻金属为飞机厨房的手柄和活塞气缸盖制作的锻造品。

不二轻金属表示有包含大型企业在内的 100 多家企业前来咨询，并已向其中 50 家左右提供了铸造耐热合金的样品。还有企业提出共同研究的意向。

但是，量产实证设备只是为了实现量产，找到最佳熔化方法和顺序，使熔化和挤压的温度管理等制造条件达到最佳。虽然可以少量生产提供样品，但是无法稳定提供大量产品，这导致"成本暂时还无法预估"（不二轻金属）。

▶急冷材料的连续制造

虽然铸造耐热金属先一步迈入了实用化，但河村能人认为，将来成为主流的会是拥有难燃性、高温强度和高耐腐蚀性的急冷耐热合金。前文也提到过，急冷耐热合金非常适用于飞机和铁路等大型运输机器的结构材料。实际上，海外的飞机制造商也投来了关注的目光。

美国联邦航空局（FAA）也在开始行动，积极制定评价难燃性的试验方法，能达到"在火焰中经过一定时间不会燃烧，火焰熄灭后一定时间内不会复燃"的就算合格。按照现在的试验方法，耐热镁合金和不燃镁合金都能合格。

相比铸造合金，急冷耐热合金制作过程烦琐，最大的问题还是成本。河村能人建议建设大规模且自动连续处理设备来完成一系列的制造工程。如果可以实现，制造成本就可以控制在和铸造耐热镁合金相同的水平。

第3节　KASATANI 的镁锂合金

冲压作业时不会破损和褶皱，作为超轻量材料满足民用

NECPC 研发的笔记本电脑"Lavie Z"以其仅 875g 的超轻重量引发关注。它的轻量化得以实现，得益于世界首次在商品中实用化的镁锂合金材料。"Lavie Z"的最新型号使镁锂合金上盖更轻薄，实现了进一步轻量化（图 3-9）。

图 3-9　NECPC 的镁锂合金制底板

照片是 2013 年 10 月发布的新机型。厚度从旧机型 0.5mm 降低到 0.4mm。

镁锂合金和 AZ91（通用镁合金）的杨氏模数大致相同，

密度为 1. 36g/cm³，约轻 25%。实际上，镁锂合金早在 20 世纪 60 年代就已被发现，但由于加工困难没能实现商业利用。而现在，镁锂合金终于实现了在量产商品的应用，且有望实现更大规模利用。

▶柔软和析出物是开发瓶颈

与 NECPC 同时开发这种不常见合金的还有 KASATANI 公司（总部位于大阪市）。镁锂合金难加工是因为它过于柔软。与作为锻材使用的 AZ31 相比，它容易弯曲收拢，但由于过于柔软容易出现褶皱和裂痕。

此外，锂（Li）表面会与空气中的水分发生反应生成氢氧化锂（LiOH）析出，使其表面出现粉末。析出的氢氧化锂和模具的润滑油混合后凝固，会导致成型失败。

于是，KASATANI 在冲压前进行了抑制氢氧化锂析出的特殊处理。详细技术尚不明确，但是通过从预处理、清洗到冲压的连续处理，可以实现镁锂合金的冲压加工。

但是，光是可以冲压加工并不能完全实现镁锂合金的实用化。冲压后还需要进行化学转成膜处理，增强抗腐蚀性。从冲压到涂装"一连串的处理必须协调且达到条件最优化才能制造"（KASATANI 开发技术统括部副部长玉井贤二）。前一道工序的条件或处理液改变会影响后面工序的完成度。

于是，表面处理厂商为了配合使用镁锂合金的化学转成膜和涂料，开发了最优化的冲压条件。包括 KASATAN 在内的众多制造商共同合作，才最终实现了镁锂合金的实用化。

镁锂合金含有高价的锂，材料成本是"普通金属镁合金的数倍"（KASATAN）。但因为它具有可以冷加工的特点，所以虽然材料成本高，在镁合金中却是最轻的。而且，利用冷加工技术有望缩减加工成本，完全可以和其他镁合金竞争。

第4节 住友电气工业 "AZ91 板材化"

用金相控制法为塑性加工开辟新道路，终结铸造材料一边倒的时代

住友电气工业（以下简称"住友电工"）开发的板材可能扩大通用镁合金"AZ91"的用途。2013 年，东芝首次采用了这种板材制作成商品"dynabook KIRA"。

住友电工于 2010 年在 AZ91 板材的批量生产技术上有了突破。之后的 3 年，经过稳定批量生产的技术开发和用户测评，终于到了实用化阶段。作为锻材使用的镁合金"AZ31"因耐腐蚀性较差，有些产品不能将其用作外装材料。而 AZ91 恰好可以应用于这些产品，因此备受期待。

▶使细微结晶均匀分散

AZ91 中铝含量较多，在镁合金中耐腐蚀性强，作为通用镁合金使用最为广泛，但其使用几乎仅限于铸造材料。住友电工新规业务开发总部镁合金开发部长岸本明就曾表示："普通

的 AZ91 无法进行塑性加工。"它会析出不均匀的镁锂化合物，在加工时容易造成破碎，因此不能制造板材，不适合冲压，这也是镁合金不受欢迎的其中一个原因。

住友电工突破了这些障碍，开发出类似于漏模造型的自主急速冷凝技术，成功使金属组织细致且均匀地分布（图 3-10）。这样一来，就避免了大化合物的析出，也能防止破损。虽然没有公布细节，但"重点在于在母材中均匀地混入大量铝并急速冷却"（住友电工新领域技术研究所镁合金研究室室长河部望）。

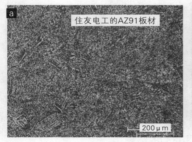

图 3-10　AZ91 的金属组织

住友电工制造的板材组织中不存在明显的金属间化合物，而铸造材料会析出巨大的金属间化合物（黑色部分）。由于此金属间化合物较硬，加工时容易破损。

▶加工性能与 AZ31相同

由板材制造的冲压品不仅适合大量生产，还有许多优点，如尺寸精度高、表面缺陷少、强度高等。例如，住友电工的 AZ91 冲压品的拉伸强度最大可达到 380MPa，是铸造品的 1.5 倍，延展率也高达 10%。此外，其耐受冲击力也很强。在薄板铸造品被砸碎的冲击试验中，相同厚度的冲压品只稍微凹陷，并未破损（图 3-11）。

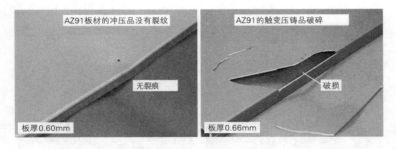

图 3-11　冲击试验的结果

从 75cm 高度降下 225g 的铁球。左边的 AZ91 的冲压品板材稍微凹陷，没有破损，而较厚的触变压铸品出现破损。

另外，AZ91 的加工性能与 AZ31 相同，"它强度很高，连铝合金都很难做到的深冲和小 R 角它也能冲压成形"（河部望）。

▶利用耐腐蚀性进行表面加工

由于 AZ91 板材出色的耐腐蚀性，"装饰性高，可以实现 AZ31 无法做到的外观设计"（AZ91）也是一大优点。

其实，AZ91 板材的耐腐蚀性比 AZ31 板材和 AZ91 铸造材料还要高，这是因为其表面欠缺少，结晶紧密均匀，表面结构稳定。住友电工进行的 100 个小时盐水喷雾的实验结果显示，AZ31 板材和 AZ91 铸造材料出现白色腐蚀，而 AZ91 板材中未出现明显的腐蚀（图 3-12）。此外，AZ91 板材耐腐蚀性高，可适用的涂料范围广，还可以使用多种颜色的涂料，外观设计性更高。

板材间的接合一般采用焊接法[①]。例如，住友电工设想将 AZ91 板材应用于大件制品，并试做了手提箱（图 3-13）——将三块板材通过摩擦搅拌接合粘贴在一起，经过冲压加工制造而成。模具则直接采用铝合金的模具。

目前，住友电工可以提供的板材尺寸为宽 350mm×厚 2mm。虽然用户有不同需求，但要应用于大型结构材料，还需研究如何才能更加大型化。

---

① 这里指金属惰性气体（MIG）焊接、钨极惰性气体（TIG）焊接、激光焊接及摩擦搅拌焊接等。

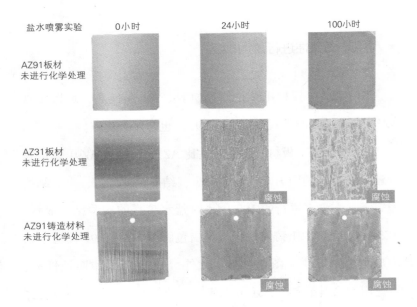

盐水喷雾实验	0小时	24小时	100小时
AZ91板材 未进行化学处理			
AZ31板材 未进行化学处理		腐蚀	腐蚀
AZ91铸造材料 未进行化学处理		腐蚀	腐蚀

图3-12　盐水喷雾腐蚀实验结果

　　AZ31 板材与 AZ91 铸造材料在 24 小时后有明显腐蚀，但住友电工的 AZ91 板材在 100 小时后也没出现明显的腐蚀。

图3-13　用 AZ91 板材制造的样品

　　左图为笔记本电脑表面机壳示意图，采用冲压和十字加工。右图是以 FSW 工艺将三块板材焊接成一块大板材，再冲压成型的手提箱。事实上，开发人员正在日常使用。

剩下的问题就是成本。因为板材本身在铸造之后还要经过压延工序，所以成本比铸造品高。但由于成型后的研磨工时和表面处理工时小于铸造品，且生产效率高，所以住友电工预计板材的最终价格可以控制在与铸造品同等或以下的水平。

第 5 节　日本金属的"冷加工"

压延时使结晶方向倾斜，降低加工成本

"为了制造出有金属光泽的镁合金压延材料，我们对原材料十分讲究。"日本金属新事业推进部部长山崎一正对自己公司的压延技术非常自信地说道。

随着压铸等铸造品大幅占领市场，为了满足日益增加的镁合金锻材需求，日本金属公司利用压延技术，开发出了其他公司无法比拟的新材料，即可以冷压成型的板材"TMP"（Texture controlled Magnesium alloy Plate）。这种材料与必须热压成型的普通镁合金不同，可以冷压成型［图 3-14(a)］。成分与 AZ31 基本相同，加工后可以采用 AZ31 的表面处理和修饰方法。

一般来说，镁合金之所以难以冷压成型，是因为压延板材的结晶方向是一致的。镁合金晶格为密排六方（hcp）晶格，压延后会在厚度方向上形成结晶方向一致的"集合组织"［图 3-14(b)］。实际上，如果温度不到 200℃～300℃，镁合金就难以在 hcp 的六棱柱轴向（c 轴方向）变型，难以进行冷加工[1]。

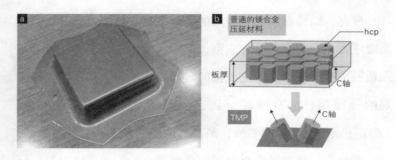

图 3-14　TMP 的加工样品和结晶结构示意图

（a）冷加工也可实现如图所示的轧制加工。（b）普通的镁合金压延材料 hcp 的结晶方向是一致的，而 TMP 通过压延时的组织控制，使结晶方向倾斜（b）。

另外，与 c 轴垂直的平面方向上存在"底部滑动"现象，所以镁合金在室温下也可能容易变形。TMP 就是利用了这个特性。为了使结晶的 c 轴方向向厚度方向倾斜，日本金属调整了压延方法，实现了在室温下的塑性加工。虽然板材成本会有所增加，但利用冷压成型这一优点，有望取代现在的 AZ31 材料。实现冷加工后，加工将不仅变得更简单，还不需要模具加热机制，因此有望降低加工成本。

---

① 镁锂合金的晶格是体心立方晶格（bcc），所以冷压也容易变形。

▶提高锻材需求

现在，结构材料主要使用的镁合金是 AZ91，且 AZ91 只能采取压铸和触变注射法来成型。但是，采用压铸等方法会使表面粗糙，成型后需要花费大量的时间处理才能达到用于要求美观的外部部件，有时甚至还会出现带孔的残次品。此外，AZ91 还很难做成极薄的板，最薄只能做到 0.6mm。

锻材需求增加是在克服了这些问题之后。表面性状好，还能做成如纸一般薄。普通的压延材料的成本要高于铸造材料，但山崎一正认为："如果能将成本降到现在的 1/3 或者 1/4，即每千克 1000 日元左右，就可以更加广泛地用在汽车制造上了。"

第 6 节 产业技术综合研究所、宫本工业的 "低温锻造"

通过墩粗加工细化晶粒，提高 200℃ 以下时的生产效率

在镁合金锻材的发展中，最大的障碍是成本问题。为了削减成本，日本开发了各种新技术。产业技术综合研究所（以下简称"产综研"）可持续物料研究部门和宫本工业合作开发的镁合金低温锻造技术就是其中之一。降低锻造温度可以带来很多好处。

该技术事先将锻造用材料的组织的晶体粒径控制在 10μm 以下，用伺服压力机在低温（200℃）下锻造。一般的镁合金锻造在 400℃ 的高温下进行，并要使用固体润滑剂。

如果 200℃ 低温锻造能够实现，就可以使用水溶性佳且易除去的润滑剂，模具的寿命也会延长。

此外，也能降低维持加热炉和模具温度所需的成本，让温度膨胀逐渐成型的尺寸精度更高。宫本工业估计，这些优点可以使锻造成本降低 20%~30%。

▶结晶粒径10 μm 以下

新锻造技术的流程如下。首先，对锻造用镁合金做"均匀化处理"。该处理是将金属材料加热到某一温度并保持一段时间，使其中的合金元素均匀分散。具体来说，就是将加热到410℃的材料放置 24 小时，然后在常温中冷却。这样可以得到结晶粒径 0.1mm~0.2mm 的金属结构。这就是锻造用的坯料。

接下来，使用伺服压力机将加热到 300℃ 的坯料在5mm/s~10mm/s 的低速下墩粗 10% 左右压缩比。然后，坯料会发生应变"动态再结晶"现象。

动态再结晶是指热变形时，为了抵消应变能生成新晶粒的现象。在上述条件下，坯料的结晶粒径约变为 5μm ~ 10μm（图 3-15）[1]。要想达到锻造温度的低温化，"这种构造控制很重要"（产综研可持续物料研究部门上级主任研究员齐藤尚文）。如果可以得到使结晶粒径细化的材料，200℃ 以下的低温锻造就可以实现。

"虽然坯料不同部位性质有差别，但大体上和铝合金有相同的强度和延展度"（齐藤尚文）。所以，可以制造如图 3-16所示的凸出部位长 8mm 左右散热片。

---

① 结晶粒径在 10μm 以下的区域占全部的 95% 左右。

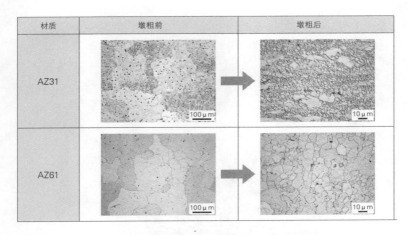

图 3-15　300℃下墩粗带来的镁合金的晶粒变化

动态再结晶使晶粒细化。AZ31 中有一些大晶粒的残留，大部分都变成了 5μm 左右的晶粒。AZ61 与 AZ31 相比晶粒略大，但墩粗后也会细化。

▶ **分割工序降低温度**

该技术是 2006～2010 年新能源、产业技术综合开发机构（NEDO）的《镁锻造零件技术开发项目》中，在产综研和素形材中心共同开发的锻造技术的基础上研发的。该项目还通过利用锻造加工中的动态再结晶现象使晶粒细化到 10μm 以下，实现了低温锻造。具体来说，就是将加热到 300℃ 的胚料在低速下压缩引发动态再结晶，然后直接进入锻造工序成型。也就是说，会在同一道工序中完成动态再结晶到锻造的所有处理。

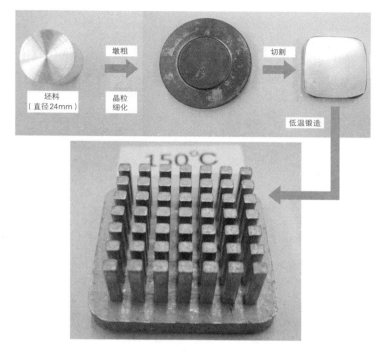

图 3-16　试做的散热片铸造品

　　AZ31 锻材在 150℃下锻造而成。均匀化处理后在 300℃下墩粗，然后切割素材并锻造。散热片的大小约为底面边长 30mm，厚度 3.5mm。凸出部位宽 2mm，高 8mm。用 AZ61 也可以锻造。

　　当然，在 300℃下锻造需要固体润滑剂，所以无法充分发挥低温铸造的优点。此外，墩粗和锻造使用同一模具也使得锻造成型的形状受限。

　　与之相对，产综研和宫本工业让引发动态再结晶的低速墩粗工序和锻造工序分离，使 100℃低温锻造成为可能。

▶扩大可用范围

目前，能够在 200℃ 以下锻造的镁合金只有 AZ31 和 AZ61。今后会开发锻造性更差的 AZ91 和添加了钙（Ca）的难燃性镁合金的低温锻造。特别是针对后者，由于钙含量高加工困难，产综研和宫本工业正在寻找保持难燃性基础上减少钙含量降低加工难度的方法。

同时，100℃ 以下的低温锻造成了新目标。这样可以进一步提高生产率并降低成本。如果最终实现冷锻造，就"可以代替现在的铝合金和钢铁锻造品，有望在汽车等各种领域实现广泛利用"（宫本工业）。

第7节 东京工业大学、东北大学的"燃料电池"

克服阻断电流的钝化膜问题，实现高能量密度的原电池

值得期待的轻量化材料镁合金。其还有作为高性能电池电极材料的另一种用途，即以镁为电极的"镁燃料电池"（也称为镁空气电池）。作为结构材料，镁易与水反应这一缺点，在用作电极材料时反而成了优点。

镁燃料电池是用镁作为负级活性材料，用空气中的氧气作为正极活性材料的原电池。利用镁和氢氧根结合释放电子的现象发电。由于反应难控制，所以并不实用。但只要克服了这一难点，完全开发镁的实力，就可以解决能源问题。

▶改变反应位置发电

例如，东京工业大学理工学研究科机械物理工学专业教授矢部孝等专家提出：镁燃料电池具有"薄膜型"构造（图3-17）。矢部孝设置了两个卷筒，一个送出镁薄膜，另一个卷入

镁薄膜①。可以参考录像带磁带或者相机胶卷的结构。反应室
相当于录像带磁带的磁条、相机胶卷的快门部分。

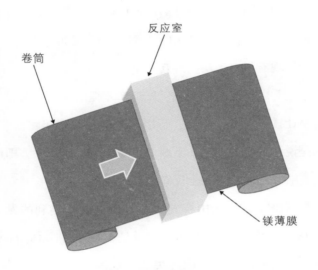

图 3-17　薄膜型镁燃料电池的构造

　　负极的镁薄膜发生反应发电。一边滚动一边发电，可以使镁完全发
电。镁薄膜呈磁带盒式，用完可交换。

　　如开头所说，镁燃料电池本身并不是新技术，只要有镁、
电解质和正极电极（碳等）就能制作，理论上与锂（Li）离子
充电电池相比可以获得更大的能量密度，所以一直备受关注。

　　但是，用镁合金作负级，电解液中镁溶解的同时会引发自

――――――――――

　　① 　镁薄膜可以通过涂敷、蒸镀的方法，或者镁箔叠层的方式制作。

放电①，导致电极一直溶解，无法充分发电。尤其是当电解液是酸性的时候，自放电会更严重。

如果为了防止自放电使用碱性电解液，负级的镁合金表面又会形成氢氧化镁［$Mg(OH)_2$］钝化膜导致通电停止。所以，直接使用现有材料无法实现镁发电。

正是为了解决这些问题，矢部孝才提出使用镁薄膜，即在反应室让镁表面发生反应，不用除去钝化膜直接将薄膜卷出。也就是说，反应的位置在不断发生变化。这样一来，即使是碱性电解液也可以让镁完全反应，高效发电。

矢部研究室在 2010 年进行验证实验时检测到的发电量为 1300Ah/kg。"智能手机的电池容量是 1000 mAh～1500mAh。1g 镁就可以供手机使用一天"（矢部孝）。

此外，闲置时镁不会劣化，长时间停止使用后也可以再次发电，这也是薄膜型镁燃料电池的最大优点。放置反应前镁的薄膜卷与反应箱隔离，安全性较高且容易小型化。

▶作为移动终端电池

为了实现薄膜型镁燃料电池的实用化，矢部孝还尝试开发

---

① 自放电：电子和电解液中的氢离子反应生成氢气的现象。

了各种新用途。例如，智能机、高尔夫手拉车、车站内显示屏等。

其中，智能机用的小型镁燃料电池内约含有 3g 镁，使用这种电池"手机可以无须充电，持续使用一个月"（矢部孝）。

薄膜型镁燃料电池可以回收磁带盒状态的镁，实现循环利用，并在实用化的过程中，同时开发"利用激光二极管实现镁循环利用"的技术。

▶ **难燃性镁继续反应**

东北大学未来科学技术共同研究中心教授小滨泰昭试图从与矢部孝不同的角度解决现有镁燃料电池的问题。小滨泰昭通过使用难燃性镁合金抑制自放电，发现了可缓慢氧化反应的方法——可以在不停止发电的情况下，有效活用电极的镁。

这种难燃性镁合金是产综研作为结构材料而开发，其中添加有一定百分比的铝（Al）和钙（Ga）。

小滨泰昭原本打算利用地面效应（在地面附近机翼可以获得很大升力的现象）开发高速输送系统。开发过程中，为了实现车体轻量化而使用难燃性镁合金。开发的契机是想到其难燃性，也就是难与氧气反应的特点或许适用于镁燃料电池。

小滨泰昭使用难燃性镁合金，同产综研和古河电池、日本素材（总部位于仙台市）等公司合作，试做了高性能镁燃料电池（图3-18）。电池电压为1.5V，每个电池有60Ah的电能，其电极的能量密度高达1.55Wh/g。

图3-18　东北大学小滨泰昭等人试做的镁燃料电池

（a）是电池内部，5个电池并列。（b）是电池，中间网布的部分会与电解液发生反应。（c）是电极难燃性镁合金。右侧未使用，中间部分反应，左侧完全反应。反应后的镁合金转化成氢氧化镁溶解在电解液中。

从发电成本来看，镁燃料电池不如汽油发电机。但如果可以将2000日元/kg的难燃性镁合金的价格降低到500日元/kg，就有望在成本方面增加竞争力，实现低价销售。

▶太阳能还原

镁燃料电池的开发没有止步于原电池的制造，还有利用太阳能热还原使用完的电极镁，进而实现循环利用的构想。

与电解液反应后的负极镁会转化为氢氧化镁 [Mg(OH)$_2$] 或氧化镁（MgO）。回收后运往沙漠，在沙漠的太阳能作用下热还原，生成的镁再运回日本使用。这等于是让镁携带沙漠丰富太阳能资源返回日本（图3-19）。虽然用线将电力资源导入日本很困难，但是对于镁可以采用物理运输手段。

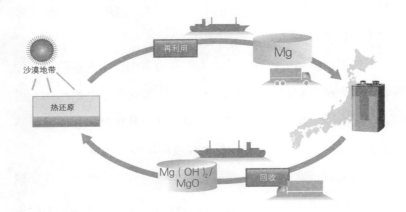

图3-19 利用镁实现太阳能利用的构想

使用过的镁运送到沙漠，利用丰富的太阳能热还原后，再次运回日本，进行再利用。

提出这种"镁循环社会"设想的是东京工业大学的矢部孝。他还表示考虑使用激光二极管，用"太阳能激发激光"[1]作为热源热还原镁。

东京工业大学的小滨泰昭也提出了类似设想。将使用后的镁运送到被称为阳光地带的沙漠地区进行热还原。但是，小滨泰昭设想在热还原中使用凹面反光镜，需要利用集中太阳光获

---

① 太阳能激发激光：照射在以太阳光为媒介的材料上发射的激光。

得高温的太阳炉。只要能达到1200℃，就可以完成热还原。

小滨泰昭说："镁不像核电那样高风险，也不像化学燃料那样易枯竭、会排出温室气体造成环境问题，是一种清洁燃料。"此外，镁在海水中含量丰富，也可以利用太阳能精炼海水中的镁。

镁燃料电池可以有效转化太阳能为电能，小滨泰昭把这种系统称为"燃料耕作"。与已实用化的氢氧燃料电池相比，可以使用更少的原料获得同等发电量，并且易控制。据小滨泰昭估算，28.4g镁可以和60L氢气释放同样多的能量。

但问题依然存在。一是镁燃料电池空气电极的耐久性。现在使用的是可以透过空气的多孔碳材料，有必要提高它的耐久性。二是热还原时使用的催化剂硅铁合金（Fe-Si）的制作需要消耗能量，"有必要探讨使用太阳能制造硅铁合金的方法"（小滨泰昭）。

第8节 Biocoke Lab 的 "氢气存贮"

多孔化与平板化，经济安全地搬运氢气

除燃料电池外，镁合金还有一种新应用备受期待，那就是氢气存贮。利用的是镁合金作为贮氢合金的性质。一直以来的研究中，为了提高镁合金性能尝试过添加稀土金属等，但无法克服氢气释放速度慢的缺点。Biocoke Lab（总部位于东京）为解决这个问题开发了新技术，并试图商业化。

▶ **释放吸收量2倍的氢气**

镁与氢气结合，可以合成氢化镁（MgH_2）。氢化镁中加入水会发生水解反应 $MgH_2 + 2H_2O \rightarrow Mg(OH)_2 + 2H_2$，释放氢气。此时，和镁结合的不只有氢气，添加的水也会生成氢气，所以会释放出氢化镁中氢气含量 2 倍的氢气。氢化镁本身的贮氢率为 7.6%，实际上可以获得 15.2% 的氢气。在单位体积相同的情况下，和 8.45MPa 的高压泵存贮量相同。

并且，由于氢化镁只要不和水接触即可保持稳定，易控制、可做散装材料，所以可以经济、安全地运输和存贮氢气。此外，还可以和氢氧燃料电池组合使用，只要有水就可以发电。

为了利用这些优点、开发氢化镁，Biocoke Lab 在 2013 年 9 月和 ECO2 公司（总部位于名古屋市）、有限责任合伙企业 ZERO ONE ZERO 共同宣布开启"镁氢事业"。

▶通过平板提供

镁氢事业的核心，在于 Biocoke Lab 开发的氢化镁"镁氢"制法。第一阶段，其于 2013 年 10 月开始提供做成长方体的"镁氢平板"样品（图 3-20）[1]。

镁氢通过 Biocoke Lab 开发的专用氢化装置（氢化炉）使镁和氢气发生反应。首先，把镁锭在氩气（Ar）中切割成薄片，并冲压成型制成多孔平板。其次，将平板放入氢化炉的增压室内，在"高压气法的规定范围（1MPa）以下的低压"

---

[1] Biocoke Lab 开发了一项技术，可通过将热分解间伐材等木质生物燃料时产生的焦油在矾土（Al_2O_3）固体表面分解，转换为含有大量氢气的燃气和碳化物（Biocoke）。2009 年，该技术获得环境大臣奖。这种燃气精制后获得的氢气，可再用于镁氢的氢化。生物材料间接成了氢氧燃料电池的燃料。

图 3-20　镁氢平板

一块大小为长、宽 34.5mm，厚度 18.2mm。质量为 21.8g。一块可以存贮 1.66g 氢气。样品价格为 2180 日元（不含税）。

（Biocoke Lab 董事社长上杉浩之）下，加热到 400℃左右。最后，加入氢气与镁反应，制造氢化镁散装材料。

上杉浩之说："氢化炉的条件控制严格，必须保证升温速度和炉内温度一致才能有效氢化。"这也是 Biocoke Lab 技术的核心。Biocoke Lab 沼津工厂就设有一次性可以制造 50kg 镁氢的分批式氢化炉。

镁氢的多孔结构镁散装材料也是其最大特点。可以增加表面积，加速与氢气的结合和水解速度。氢化镁的稳定性导致水解速度慢，一直以来都需要在高温下反应，而镁氢的多孔结构克服了这一缺点。并且，通过在水解时在水中加入少量柠檬酸，还能提高反应速度。

▶发售发电机

镁氢事业中，Biocoke Lab 负责技术开发，ECO2 公司负责镁氢和镁氢制造设备的运营和制造，ZERO ONE ZERO 负责开拓市场和销售。首要目标，是提供样品、开拓使用范围。

其中，利用镁氢平板和氢氧燃料电池制成的发电机"镁氢便携式发电机"（商品名为 MAGUPOPO）已公开发售（图 3-21）。它被放入镁氢和柠檬酸水溶液的盒子中进行发电，只要有充足的盒子储备，停电时就可以用作紧急电源。每个盒子的发电量为 40Wh[①]，价格略高，为 56 万日元。

▶循环构想

用完的镁氢如何处理？可向氢化镁中加水，由水解产生氢气生成氢氧化镁 $[Mg(OH)_2]$。一般来说，氢氧化镁可用于树

---

① 内置 50Wh 的锂离子充电电池（LIB），必要时，充电可使用镁氢便携式发电机中产生的电力。

图3-21 使用镁氢的发电机

（a）插入镁氢和柠檬酸水溶液盒子的"MAGUPOPO"。（b）发电量为40Wh。打开盖子，可以看到镁氢和柠檬酸桶状盒插入位置。（c）为桶状盒。

脂和陶瓷器的添加剂、难燃剂，以及医药用品等，回收用完的镁氢可以作为工业原料再利用，但是需要构造回收用社会组织，这也是今后日本最大的课题之一。

实际上，除了上述工业再利用，上杉浩之还试图从降低环境负荷的观点上构想镁的循环系统结构，即使用单独开发的等离子体加热处理炉将氢氧化镁直接还原为氢化镁，完成再利用。

　加热处理分为两个阶段。虽然具体细节尚未明确，但预处理中会将氢氧化镁加热到 600℃ 转化为氧化镁（MgO），之后再继续高温加热并向等离子体炉内倒入氢气将氧化镁还原为氢化镁。实验室阶段已经完成了技术确认，Biocoke Lab 有望在其他企业的帮助、协调下实现规模扩大。

第四章

挑战难加工材料

日本很多厂商都致力于制造高附加值的产品。为了避免激烈的成本竞争，获得稳定收益，日本企业决心开发出新兴国家厂商无法迅速仿造的、具有优异性能的零部件和产品。

实现这一目标的有效手段之一，就是采用高强度、高硬度、高耐热性的高附加值材料。但是，具有这类特征的材料虽然可以制造出同样具有这类特征的零部件和产品，但同时也存在"难以加工"的问题。不能突破这一壁垒，就无法实现高附加值产品的制造。

在制造现场，挑战难加工材料的企业一直在增加。那么，如何在实用水平上对这些难加工的材料进行加工呢？本章通过介绍挑战难加工材料的九家高新企业，来阐述挑战难加工材料时需要注意的问题。（难加工材料报道组）

第1节　大塚精工的氧化锆（ZrO₂）

实现内径120μm的喷嘴，通过显微镜观察选择电镀工具

　　大塚精工（总部位于福冈县志免町）董事长兼社长井石雄一拿出了一个加工样品。这个样品，是将内径120μm×外径190μm×高700μm的81根管材以390μm的间隔并列摆放加工而成的氧化锆（ZrO₂）。井石雄一表示："这种样品，只有我们公司才能制造"（图4-1）。

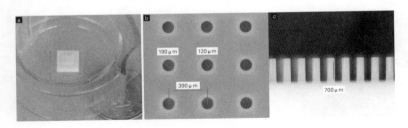

图4-1　大塚精工加工出来的氧化锆加工样品

（a）加工得到的9×9、共81根管材。（b）将内径120μm×外径190μm×高700μm的管材以390μm的间隔并列摆放。（c）管材高度方向的截面图。

▶将不锈钢替换成氧化锆

大塚精工针对试生产的产品和少量生产的产品采用陶瓷和金属的精密加工。实际上，与氧化锆的加工样品形状相同的不锈钢管材的需求量很高，且一直很受关注。

不锈钢管材在组装电子零部件时使用的吸嘴、液体和气体的喷嘴上广为使用。但实际上，客户委托生产的大多不是将81根钢管并列起来加工而成的产品，而是单根管材构成的喷嘴，或者几根管材并列加工的产品。

其中，对于不锈钢，各个领域都表达了自己的看法，如其耐腐蚀性和耐化学药品性不够、想在几百摄氏度的高温环境下使用等。井石雄一表示："我们希望能采用耐腐蚀性和耐热性优异的氧化锆，制造出能作为喷嘴使用的管材。"通过自主开发，大塚精工生产出了能抢占客户需求的第二代产品。

▶四步成型管材

管材的制造方法分四步。第一步，用平面磨床打磨氧化锆的板材，制造出立方体供加工使用。第二步，用3轴磨削中心和电镀工具加工出9行×9列共81个孔。第三步，用平面磨床在孔间切开纵横向的沟槽（这一阶段，在中心开有孔的四棱柱形成了 81 个并列排列的形状）。第四步，使用磨削中心和电镀工具在四棱柱的周围进行切削，形成圆筒形的管状①。

这四步，尤其是第二步和第四步的难度较高。在这两个加工步骤中，会使用直径 0.1mm×长 1.0mm 的电镀工具（图 4-2）。开孔时，考虑到工具的使用寿命，用一个工具开 81 个孔很难，所以中途需要更换两次工具。但是电镀工具的性能良莠不齐，有时会发生折断、磨损或者孔径发生变化的情况。

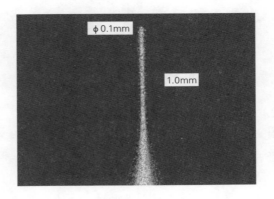

图 4-2　电镀工具的尖部

对硬质合金进行电镀，并在其上粘贴金刚钻磨粒。

因此，在更换工具前，要先用 50~100 倍的光学显微镜检

---

① 第二步中的开孔加工和第四步中的管材打磨加工中都使用了磨削中心，但是加工机制与切削加工相近。

查电镀工具的状态，确认本次加工前在材料样品上开孔没有问题后，再在实际的加工料上开孔（图4-3）。井石雄一说："用显微镜观察电镀工具，可以相当精确地弄清楚金刚石磨粒等的电镀状态是否能承受开孔加工。这是非常重要的一个诀窍。"

图4-3　用显微镜检查电镀工具的尖端

电镀工具的性能良莠不齐，容易发生折断、加工孔径发生变化的情况。因此，在使用前要用50～100倍的光学显微镜确认工具的状态。

开孔时，要使电镀工具上下振动，一边顺畅地排出切削粉末，一边继续切削加工料。在该加工作业中，磨削中心的转数、步骤的循环和速度等都会对质量和生产效率产生影响。通过优化条件，能使切削粉末顺畅排出，加工更稳定，加工速度更高。

另外，在第四步的打磨加工中，电镀工具的刚度也是一个问题。电镀工具的直径为 0.1mm，非常细，使用该工具对四棱柱和圆柱进行加工时，即使有极个别路径发生偏离，电镀工具也会折断，必须精确控制加工路径。

▶庞大的技术积累是一项优势

井石雄一自信地说："关于陶瓷加工，我们已经积累了充足的经验，所以即便是全新的加工内容，我们也可以在初始阶段优化加工条件的 80%~90%。剩下的 10%~20%，虽然在试生产时会出现错误，但我们可以通过这些错误积累新的技术经验。长此以往，积累的庞大经验就成了我们最大的优势。"

虽然大塚精工确立了小口径喷嘴的加工技术，但还存在一个很大的问题，那就是成本。按照目前的方法，用氧化锆制造出来的 81 孔加工样品的成本与不锈钢制造的相比，大约高了10 倍。成本高的最大原因是加工时间长，达到了 100 小时以上。其中，采用磨削中心进行加工的第二步中的开孔和第四步中的管材打磨，花费的时间占所有加工时间的九成以上。

井石雄一表示："大塚精工会继续大幅缩短磨削中心的加工时间，与不锈钢相比，将加工成本从现在的 10 倍削减至 2~3 倍。而实现这一目标的关键，在于与工具相关的技术。"

第2节　TOP精工的氧化铝（Al_2O_3）和碳化硅（SiC）

不断观察、假设、验证，用独有工具实现高精度加工

　　总部位于滋贺县长浜市的TOP精工专攻"质地硬而脆"的难加工材料的切削，得到了开发现场的技术人员的高度肯定。目标材料有氧化铝（Al_2O_3）、碳化硅（SiC）等普通陶瓷材料和金属中比较硬、比较脆的纯钨（W）和纯钼（Mo）等材料。作为量产产品，陶瓷一般用于半导体制造装置专用的晶片吸附刀片和化学气相沉积（CVD）装置专用的Shower电极板等，而金属一般用于处理放射线和X射线的工业用或医疗用的检查装置上的零部件等（图4-4）。

　　TOP精工是仅有45名员工的中小企业，却拥有除北海道和冲绳以外所有都府县近300家公司的客户。其每月能承接70~80件项目委托。这些项目大多是试生产项目，而不是批量生产项目，主要由成品或零部件制造商的开发部门提交。TOP精工董事长浅井要一表示："我们的回头客占到了新客户的七八成。"由此可见该公司的高人气。

圆筒形零部件

图4-4 TOP精工加工陶瓷的案例

TOP精工能对所有陶瓷材料进行加工。左上的棒状零部件是氮化硅（Si_3N_4），棒状零部件右边的圆筒形零部件是矾土（Al_2O_3），左下方的正方形板状零部件和螺旋状的零部件等是氮化铝（AlN），右下方的带三个圆孔的零部件是可加工（快削性）陶瓷，其右方开有两个小孔的零部件是白色的氧化锆（ZrO_2），其上方的油炸圈饼状的零部件是黑色的氧化锆，半透明的零部件是石英。

▶答案在"物理现象"中

TOP精工能接到大量委托，最重要的原因是能在短时间内实现比较难的加工。

例如，图4-4中的氧化铝制成的圆筒形零部件的厚度为100μm，非常薄。实际上，这么薄的零部件是切削出来的。氧化铝与维氏硬度 HV1800 和不锈钢 SUS304 相比具有 9 倍的硬度，破坏韧性为 SUS304 的 1/12 以下，很脆。所以如果与工具强烈碰上，工件就会发生缺口或者裂纹。几乎没有厂商能用这样难处理的氧化铝切削出超薄的圆筒，但 TOP 精工却可以从四棱柱的基材中切削出如相片般薄的、外径 40mm、内径 39.8mm、高 30mm 的中空圆筒零部件（在底部形成外径 60mm、内径 40mm、厚度 1mm 的开孔圆盘形状），并且只需要 10 小时。

TOP 精工能在短时间内实现如此难的加工，要归功于从公司成立之初到现在积累起来的加工经验。当然，也并不仅仅是因为积累的经验。在挑战比较难的加工时，经营者常常是与现场人员团结在一起，反复贯彻"一定的循环"的加工任务。这里的"循环"包括：①观察加工前、中、后的现象；②基于观察结果进行假设；③通过实际加工验证假设（图 4-5）。

最根本的则是浅井要一认为的"在物理现象中一定有加工的答案"。"切削后，刀具是磨损了还是缺了？工件上是不是出现了无数的小伤？有大的缺口吗？这些接二连三出现的现象会教会现场人员如何应对下一次加工"（浅井要一）。

结果，TOP 精工往往能通过这样的方式实现异于常识的多种加工方法。

图 4-5　现场全员参与的、验证加工方法的工作循环

　　加工的难题在于如何融合经营者和现场全员的智慧。①观察加工前、中、后出现的物理现象；②基于观察结果进行假设；③通过实际加工验证假设。通过多次重复这样的循环，争取早日找到彻底解决问题的对策（位于前排右侧的是社长浅井要一）。

▶自己制造工具

　　TOP 精工的半导体制造装置专用的碳化硅吸附刀片是直径 290mm×厚 10mm 的圆盘状零部件［图 4-6(a)］。其表面形成了 10 根同心圆状的沟槽（宽 1mm），且碳化硅的维氏硬度达到了氧化铝（Al_2O_3）的 1.3 倍，非常硬。

　　如果用自动换刀数控机床（MC）对难切削材料进行切

削，用的大多是在硬质合金上涂覆金刚石涂层形成的超细高刚度钻头。但高刚度钻头是超细钻头，使用寿命都不长。

因此，TOP 精工自主研发了一种能使工具具有更长使用寿命且短时间内能够加工出沟槽的工具，即在开孔的圆盘状零部件的底部形成有两个长方形（宽 800μm）的金刚石薄片。将它组装在 MC 上并使之旋转，就可以在工件上切割出圆形的沟槽。

TOP 精工最得意的地方就是自己制造工具，同时延长工具的使用寿命并缩短切削时间。上述吸附刀片从外观上看不出什么特别，但是从侧面看，就会发现有一个最大径 2mm、深 120mm 的深孔朝向中央，这个深孔正是用来吸附的［图 4-6(b)］。

穿孔贯穿到深孔

碳化硅吸附刀片

图 4-6 碳化硅半导体制造装置专用的吸附刀片特制工具

（a）TOP 精工的半导体制造装置专用的碳化硅吸附刀片的大小为直径 290 mm×厚 10mm。(b) 从侧面朝向中央形成有最大径 2mm、深度 120mm 的深孔，有多个穿孔从表面贯穿到深孔。通过从深孔的端部吸气来吸附刀片上的晶片。深孔加工使用公司特制的工具。

TOP 精工认为，加工方法和工具开发永无止境，要苦心积虑，一往无前。

第3节 东京鋲螺工机的硬质合金

模具寿命可达 1.5 倍以上，通过直接雕刻导入残余压应力

东京鋲①螺工机（总部位于埼玉县新座市）董事长兼社长高味寿光说："在制造业高附加值化的潮流中，比以往材料强度更高、耐热性更好的材料被越来越多地使用。相应地，模具负荷增加，对具有高耐冲击性和耐磨性的硬质合金模具的需求也越来越多。"

从用于生产螺丝、铆钉、电触点等的冷镦模（模头模具）到精密冲压模具和拉丝模具，东京鋲螺工机生产的产品多种多样。其中，主打产品是模头模具。

使用该模具的冷镦过程中，在常温下进行拉拔加工、挤锻压加工、中空加工等压缩成型的成型方法，具有加工速度快的特点。由于加工条件很严格，模头模具需要有高水平的耐冲击性和耐磨性，由碳化钨（WC）和钴（Co）构成的钨钴合金（WC-Co）代表的硬质合金被广为使用。

---

① 拼音：bīng。日本汉字，无对应简体字。——译者注

硬质合金是洛氏硬度 HRA 为 80~94 的极硬合金，加工方法以放电加工为主。东京鋲螺工机引入了 8 台放电加工机，实施了微细孔洞、异形、深孔等加工，打磨上采用工匠手工作业进行镜面（精磨）加工。

但是，放电加工具有加工时间很长，必须有电极、容易产生微细裂纹甚至导致模具开裂的缺点。为了克服这些缺点，东京鋲螺工机尝试用切削的手法进行直接雕刻加工（图 4-7）。

图 4-7　通过直接雕刻加工制造的硬质合金模具 "Tokyo-ACE（第一代）"

上段左边开始分别是精密冲压模具的样品、电触点用模具、大口径铆钉头部用模具、轴承的钢珠用模具。下段左边开始，分别是山型冲头的形状样品、齿轮形状模具的样品。

高味寿光还表示："受 2008 年'雷曼冲击'影响，在小螺丝、微型螺丝领域，很多主要客户的订单急速减少。在这样的环境变化中，我们公司选择潜心钻研加工技术，采用最先进的硬质合金直接雕刻加工技术延续生存。"

▶公司自己设计工具

实际上，已经有公司实施了硬质合金的直接雕刻技术。它们使用昂贵的精密加工机器和工具进行慢加工。然而，这样的加工过程成本高、生产性差，往往只能应用于特殊用途。针对这一点，东京鋲螺工机为了普及硬质合金的直接雕刻加工技术，确立了面向实用化的三个目标。

第一，采用自动换刀数控机床（MC）进行加工。第二，用MC精密打磨至镜面，省略精磨加工。第三，MC二十四小时自动工作，可以实现模具量产。

为了实现这三个目标，东京鋲螺工机选择用最合适的机床和工具。首先，机床采用牧野铣刀制作所的立式MC"iQ300"（图4-8）。该MC最初是为加工用于放电加工的电极而开发的，但从其最快速旋转和长时间使用时的精度等条件来看，很适合硬质合金的加工，值得购买。

其次，打磨工具通常采用金刚石烧结体（PCD）工具。东京鋲螺工机自己完成刀刃形状等工具设计，与硬质合金的直接雕刻加工一起实现工具的优化。价格方面，比单结晶金刚石便宜。

图 4-8 硬质合金的直接雕刻加工使用的立式 MC "iQ300"

牧野铣刀制作所制。原先是为了用于放电加工中使用的电极而开发。包括配套零部件在内，售价为 4000 万日元左右。

在选择机床和工具的基础上，东京鋲螺工机还将 1961 年创业以来近半个世纪积累下来的大量材料和加工相关技术知识运用到了生产中，这才最先实现了硬质合金的直接雕刻加工。高味寿光表示："在等高线打磨加工和扫描线打磨加工[①]中，镜面打磨情况各异，因此要结合客户的使用条件来改变加工方

———————————

① 等高线打磨加工和扫描线打磨加工，前者是在 Z 方向上保留一定切入深度进行加工。刀具上的负荷是一定的，可以延长工具的使用寿命。而后者是只在一定方向上移动进行加工。

法，要从 10 种以上正在处理的硬质合金中选择最合适的材料品种。"

▶**模具价格便宜1~2成**

正如前面所介绍的，东京鋲螺工机使用比较便宜的 MC 和工具来进行硬质合金的直接雕刻加工。与以往的放电加工相比具有四个优点：①因为不会有微细裂纹产生，所以模具使用寿命可延长 1.5 倍以上；②通过 24 小时连续加工，交付期可以缩短至原来的 2/3~1/5；③省略了电极和精磨加工等，模具价格便宜了 1~2 成；④精磨加工会受到作业人员熟练程度的影响，而使用 MC 可以实现稳定的镜面精度。

其中，关于①，东京鋲螺工机在与日本工业大学进行的研究中也得到了有趣的知识。放电加工中，在工件上会有残余拉伸应力。而与之相对，直接雕刻加工则导入了残余压应力。高味寿光认为，这也是"模具能延长使用寿命的原因之一"。

东京鋲螺工机中，通过这样直接雕刻加工制造出来的硬质合金模型称为"Tokyo-ACE（第一代）"。请再看图 4-7，这些都是 Tokyo-ACE（第一代）的实物。其中，下段左边的山形冲头的形状样品使用的是 iQ300，工具分别采用砂轮磨齿机和 PCD 进行约 40 小时的加工。表面粗糙度可达 Ra0.2μm。当然，不实施精磨加工。

东京鋲螺工机每月量产 200～500 个硬质合金模具，这些硬质合金模具用来制造平底型铆钉触头和精密铆钉（图 4-9）。该公司计划长期致力于硬质合金直接雕刻加工的研究，将技术知识一点一点积累起来，进一步扩大加工对象的范围。

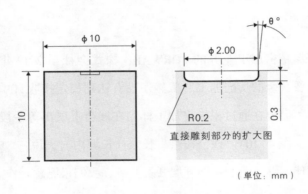

直接雕刻部分的扩大图

（单位：mm）

图 4-9　量产中的硬质合金模具

制造平底型的铆钉触点和精密铆钉时使用。加工时间约 15 分钟，表面粗糙度为 Ra0.2μm。左边是模具，右边是直接雕刻加工部分的扩大图。

第 4 节　FORWARD 的硬质合金

前置时间缩短至原来的 1/3，次微米的切口无须打磨

　　开展精密加工业务的 FORWARD 株式会社于 2012 年开始
实行硬质合金的切削加工。虽然还没有达到稳定接收订单的业
务程度，但也在通过积极将加工样品在展会上展出等手段来进
行宣传（图 4-10）。该公司董事长兼社长堀内岩夫说："如果有
业务伙伴能够与我们一同开展开发业务，我们很愿意合作。"

图 4-10　通过对硬质合金进行切削加工得到的样品

　　（a）是伞齿轮模具的形状；（b）是旋转叶片的形状。（b）如果是铝
合金，在表面进行加工后，还可以对内面进行加工；如果是硬质合金，
目前只可以在表面进行加工。

▶对素材进行直接雕刻制成产品

FORWARD 对钛（Ti）合金、铬镍铁合金、哈氏合金等一般认为很难加工的材料进行过切削加工和打磨加工，且对不锈钢、铝（Al）合金、钛合金等的高平滑度（10μm）打磨精磨加工也十分在行。其可应用于半导体、飞机、办公设备、液晶显示器等生产线上的夹具和精密零部件上。

"雷曼冲击"后，FORWARD 更加致力于高精度加工技术的提高，在运送驱动系统中，更是积累了使用直线电机的立式自动换刀数控机床（MC）"iQ300"（牧野铣刀制作所）和"YMC430"（安田工业）进行加工的实际经验。牧野铣刀制作所向 FORWARD 表示，"通过采用 UNIONTOOL 生产的、涂有金刚石涂层端铣刀'UDCB'系列，能使硬质合金的切削加工成为可能"。以此为契机，FORWARD 通过使用"iQ300"和 UDCB 的组合，开始了各种各样的试生产。

FORWARD 试生产的是伞齿轮的模具形状和旋转叶片的形状（图 4-10）。伞齿轮的模具形状从碳化钨-钴（WC-Co）类硬质合金"VM40"（洛氏硬度为 HRA89）素材直接雕刻加工切削出来，而旋转叶片的形状是从"VF20"（洛氏硬度为 HRA92.5）素材直接雕刻加工切削出来的。虽然堀内岩夫说"我们好不容易才做到可以切削"，但实际已经可以切削出与高硬度钢的切削加工相同的形状了。

　　FORWARD 还对硬质合金进行了打孔加工。例如，在要使用单结晶金刚石钻头在硬质合金上打出直径 $70\mu m$ 的孔的条件下，可以轻松打出 256 个孔。

▶前置时间缩短了

　　以往都会根据放电加工和打磨加工的不同来进行硬质合金零部件的精磨，但是放电加工很花时间，加工表面上会产生变质层，所以还需要进行二次加工，也就是打磨，而打磨时会受到磨石形状的限制。与之相比，切削加工具有"没有形状上的限制，即便是复杂的形状也可以加工"（堀内岩夫）的优点。

　　前置时间方面，如果是加工样品那样的工件（2cm～3cm的角）确实可以达到原来 1/3 的程度。放电加工中，除了需要在对多个电极进行切削加工外，还需要使用这些电极进行放电的时间。与之相比，对 MC 进行一次设置后可以从开始一直加工到最后，在耗费工时方面很占优势。但工具的价格较高，为5 万~6 万日元，这是一个瓶颈。今后，随着金刚石涂层的发展，工具价格会下降，再加上切割路径上的优化使得工具使用寿命延长，切削加工的适用范围会扩大。

　　堀内岩夫认为，通过省略打磨工序提高形状的精度也有相同的意义。"通过放电加工等方法可以使产品接近最终形状，但打磨工序会使尺寸和精度等存在偏差。打磨工序的存在会导致尺寸的破坏"（堀内岩夫）。没有了打磨工序，精度就会大大提高。反之，真正让硬质合金的切削加工起作用的是打磨会去除材料导致精度不佳，而使用切削加工能提高精度。

▶切口深0. 1 μm ~ 0. 2 μm

虽说是试生产，但切削硬质合金还是要费不少功夫——切口要浅，需控制在 0. 1μm ~ 0. 2μm。也就是说，必须在"次微米路径"下进行加工，需要应用 FORWARD 以往加工难加工材料时的路径。CAD/CAM 方面一直采用的是 2D 的"WinMAX"（Tactics 公司，总部位于名古屋市）和 3D 的"GOelan"（法国 Missler Software 公司）。一般来说，"能应对次微米路径的 CAM 是很有限的"（堀内岩夫）。

因为切口很浅，所以工具摆动精度如果有 10μm 的话就完全没有意义了。因此，要采用冷缩配合方式的支架将摆动精度控制在 1μm 左右。主轴的转数充分发挥了"iQ300"的性能，达到了 4. 5 万转。

机床采用的是前文提到的直线电机驱动型机床，是实现高精度加工结果必不可少的条件。FORWARD 采用直线电机驱动的 MC 和滚珠丝杠驱动的 MC 两种工具对内凹曲面上加有 1μm 左右文字浮雕的工件（钢制）进行加工，并验证直线电机驱动的效果（图 4-11）。滚珠丝杠驱动的机床加工出来的工件上能看见曲面底部的筋条，而直线电机驱动的机床加工出来的工件上看不见筋条。

图 4-11　采用直线电机的输送驱动系统的效果（钢制工件）

　　硬质合金的切削属于微小的高精度加工，配备直线电机的输送驱动系统的机床适用于此。(a) 和 (b) 是用具有滚珠丝杠输送驱动系统的机床加工出来的效果，在凹形谷底部可以看见筋条。(c) 是用具有直线电机驱动系统的机床加工出来的效果，在谷底部看不见筋条。

　　滚珠丝杠在螺旋轴和螺母之间难免会发生轻微晃动，也正是这种晃动会在螺旋轴的转动方向发生逆转时引发些微空转。因此，输送材料并不连续，在加工表面会产生一些阶梯状偏差。硬质合金的切削适用于精度非常高的零部件，而直线电机驱动的机床是实现高精度零部件的前提。

第5节　新日本技术的硬质合金

在主轴转数 40000rpm 的条件下进行高速切削，正确把握工具尖端的运转

新日本技术（总部位于大阪市）主要加工智能手机和医疗器械等使用的零部件，并生产光学镜头的模具用零部件。为了制造出耐久性出色、使用寿命长的模具零部件，该公司有时需要采用超硬合金，在精加工中使用切削加工（图 4-12）。同时，该公司还会并用放电加工，但是是通过切削加工进行精加工，而不是通过打磨加工。

图 4-12　新日本技术的硬质合金加工样品

对冲压模具的冲头等进行精加工时要采用切削加工。

▶通过延长使用寿命来节约资源

新日本技术采用放电和磨削方法对硬质合金、陶瓷、烧结金刚石等各种材料进行加工。对洛氏硬度为 HRC67 的高硬度钢，则采用直接雕刻切削的方式进行加工。开始在硬质合金上采用切削加工的原因有两点：一是采用放电加工可以缩短加工时间；二是"可以实现光滑的加工表面，从而延长产品的使用寿命"(新日本技术董事长兼社长和泉康夫)。

用切削加工替代磨削加工具有几种效果。和泉康夫举出了其中一个效果，即加工表面不会残留张应力。他指出，"磨削加工在表面粗糙度这一点上远胜于切削加工，但使用磨削加工对工件表面进行打磨后会残留张应力"。这样一来，模具运行时的使用寿命就难以延长。但是，切削加工在进行精加工时几乎不会残留任何张应力。

如果硬质合金零部件的使用寿命延长，那么提供给客户的价值就会更高，能有效节省资源。和泉康夫表示："硬质合金含有大量钨（W）、钴（Co）等稀有金属，如果寿命短，这些稀有金属就浪费了。延长硬质合金零部件的使用寿命，最终将有助于削减稀有金属的使用量。"

▶通过切削加工去除相同的精加工量

将磨削加工换成切削加工的优点还包括可以更好地管理加工量。在磨削加工中，一些无法完全掌控的要素也会带来影响，如磨刀石的磨损量、人工打磨时的磨削程度、喷砂处理对形状造成的影响等。如果能只通过切削方式对形状进行精加工，就能大幅提高形状的精度。

因此，新日本技术选择事先通过放电加工保留一定量的精加工量，然后利用切削工具将其除去。这样一来，就能以指定精度将微细形状和拐角 R 加工得很光滑。而且多数情况下，所需时间要短于从头开始全部采用切削加工时花费的时间。

机床结合使用了立式加工中心（MC）"μV1"（三菱重工）和"摄像式工具检测系统"（三菱重工），在工具旋转的状态下，边掌握运转情况边实施加工（图 4-13）。为了加工微细部分，经常会采用直径较小的工具。为了确保圆周速度，会事先加快工具转速（μV1 的主轴转速最大为 40000rpm）。设定切削条件时，"虽然与其他材料相比没有明显不同，但考虑的关键是如何稳定地进行切削"（和泉康夫）。

将放电加工中保留的精加工量事先设定在一定厚度，就能在随后的切削加工中使工具负荷固定不变。负荷固定不变的情况下，局部性的"颤动"（工具的振动）就会减少，进而出色

图 4-13　精密加工用立式加工中心"μV1"（三菱重工）

拥有 3 台，可用于加工超硬合金等。

地完成切削后的精加工。这一优点在硬质材料的加工中更突出。

三菱重工提出的玻璃和陶瓷加工新方案

立式加工中心"μV1"中采用的摄像式工具检测系统通过CCD（电荷耦合元件）摄像头拍摄工具顶端进行拍摄和定位。

从摄像头来看，LED照明设置在工具的对侧，可让旋转中的工具轮廓显现出来。工具顶端位置会因运行时产生的热量等出现微米级别的变化。

"μV1"的主轴采用为抑制热位移而将冷却液供应给轴承这种不太常见的做法。即便如此，工具位置在开始运转后仍会发生变化，在稳定下来之前需要一些时间。操作人员可以通过工具测量系统得知工具位置是否已经稳定，然后再以微米为单位按照控制值进行切削加工。

三菱重工的提案是在采用以上措施的基础上，同时使用高速旋转的小直径工具，这样除了超硬合金以外，还可以切削加工玻璃、碳化硅（SiC）和蓝宝石基板等（图4-14）。

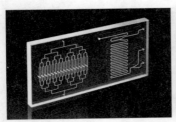

图4-14　三菱重工公开的玻璃与碳化硅的加工样品

玻璃采用超硬合金制球头铣刀（左），球头铣刀上面涂布了直径为0.3mm的金刚石。碳化硅采用直径为1mm的单晶金刚石立铣刀和直径为4mm的多晶金刚石立铣刀（右）。

第6节　山阳精工的 SUS、殷钢和钛合金

以 0.5μm 高精度量产，分析材质改进切削方法

2013 年 7 月，日本一家加工厂成立了专门承揽加工钛合金及殷钢[①]等难切削材料的团队——"难切削材料小组"（图 4-15）。这家企业就是位于日本山梨县大月市的山阳精工。山阳精工成立该小组有两大原因。

一是客户要求。2007 年，山阳精工与 100 家合作企业共同组建了"制造支援队"，相互利用各自的优势从日本全境受理加工项目（图 4-16）。具体而言，大致有六成为铝（Al）合金等普通材料的加工，剩余四成为钛（Ti）合金、殷钢、铁-镍-钴（（Fe-Ni-Co））合金[②]、Inconel[③] 等难切削材料的

---

① 殷钢和超殷钢：殷钢的主要成分为 63.5% 的铁、36.5% 的镍，热膨胀率约为铁的 1/10。超殷钢的主要成分为 63.5% 的铁、31.5% 的镍、5% 的钴，热膨胀率不足铁的 1/100。

② 铁-镍-钴合金：主要成分为 53.5% 的铁、29% 的镍及 17% 的钴。热膨胀率与硬质玻璃相当。

③ Inconel：以镍为基础，含铁、铬、铌、钼等的镍基合金。耐热性、耐腐蚀性及抗氧化性等高温特性出色。

图 4-15　山阳精工于 2013 年 7 月成立的"难切削材料小组"

　　左起依次为佐藤 MAYA、铃木俊秀、篠原一真、外崎泰央，平均年龄为 24 岁。最右侧的是专务董事白川太，发出"靠难切削加工来提高销售额"的号召。头上的公司训言"究技即断"的寓意是"深挖技术，研究后立即执行"。

加工。近年来，"难切削材料加工项目的比例逐渐增加"（山阳精工专务董事白川太），于是山阳精工决定成立专门的团队。

　　二是山阳精工的最大优势在于难切削材料的加工。创立于 1963 年的山阳精工主要为光学厂商加工显微镜透镜的金属框等光学仪器的精密零部件。"显微镜零部件在加工完成后会直接以暴露状态来使用，所以精度、质感及外观等方面都要进行严格的加工"（白川太）。该公司通过承接高精度、高精密的加

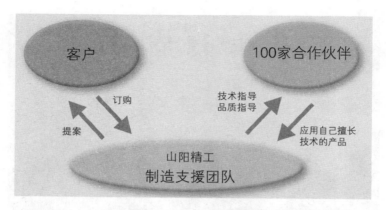

图4-16　山阳精工主导的加工订单受理体制"制造支援团队"

由山阳精工受理客户的订单，然后从擅长技术各不相同的100家合作企业中选择最佳企业来订货。当然，山阳精工本身有时也进行加工。烦琐的质量管理等方面由山阳精工提供支援，以减轻中小、微小规模合作企业的负担。难切削材料小组是该制造支援队中的一个团队。

工业务，锻炼了加工技能。

创立10年后，山阳精工离开大月町，在创始人、代表董事社长白川寿一的出生地猿桥町建设新工厂。"这里与大月町不同，是很难到达的山区，几乎揽不到平常的业务，碰到的全都是因为麻烦、难度大而被其他公司拒绝的业务"（白川太）。就这样，山阳精工自然而然地养成了挑战精神，形成了"无论多难的业务，只要受理了就必须做成"的企业风气。

如今，山阳精工甚至具备了可像平常一样加工钛合金、殷钢、铁镍钴合金等难切削材料，并以0.5μm的高精度来量产的实力。

▶故意进行粗暴的粗加工

作为山阳精工实力的一部分，下面介绍三个案例。

第一个案例是海底光缆使用的不锈钢 SUS304 制造的连接器（由于订购方的关系，这里不便公开实物照片）。SUS304本来就有黏性、不易切削，零部件上还突出有几个非常小的宽0.5mm×高 2.0mm 的"角"，所以"进行普通加工的话，角会倒下来，角的尖端容易出现倒刺"（山阳精工制造技术部冈崎安弘）。

加工该零部件时使用的机床是松浦机械制作所的立式加工中心（MC）"V. Plus 800"。其主轴转速高达 20000rpm，容易实现正圆，适于进行精度加工。刀具从通用立铣刀中选择最适合的使用，然后通过在刀具路径上下功夫，运用诀窍稳定切削出角。

第二个案例是供半导体曝光装置使用的零部件（图 4-17）。材料使用的是殷钢中热膨胀率最小的超殷钢。对于殷钢的加工难度，冈崎安弘给出了独特的描述："有种材料内部起褶的感觉。"也就是说其成分不均匀，切削出的部分容易倒掉或扭曲，变形较大。实际上，加工后只要松开夹具就会变形，可见其处理难度非常之大。

但市场的要求丝毫不会降低，即使是殷钢，也要求实现角

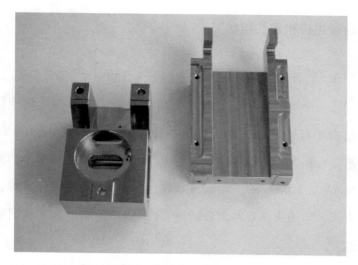

图 4-17　用超殷钢制成的半导体曝光装置用零部件

超殷钢及殷钢容易变形，很难加工。

度公差在 30 秒以内的高精度加工。对于这一要求，山阳精工的诀窍是"刻意进行粗暴的粗加工，待材料的变形全部显现出来之后再进行精加工"（冈崎安弘）。

第三个案例是钛合金制造的宇航用零部件及假肢关节用零部件（相关实物照片不便公开）。钛合金耐热性强，加工中产生的热量容易积攒在刀身上，刀具承受的负荷较大。要想减轻这一负荷，可以设定最佳加工条件，但其范围与其他材料相比极窄。稍微偏离范围，刀具就会损伤，加工面就会变脏，并且也达不到要求的公差，因此精密设定了加工条件。

此外，加工钛合金的假肢关节零部件时，由于形状复杂，机械使用的是 5 轴加工中心。刀具方面"由于没有钛合金专用刀具，因此使用了极为普通的产品"（冈崎安弘）。

▶不使用特殊机床及刀具

上述三个案例的共同点是机床及刀具未使用任何特殊产品。但回顾过去，山阳精工也有过使用特殊机床及刀具进行加工的时期。其实，"当时我们已在难切削材料的加工方面积累了大量诀窍。现在正是因为有了这些诀窍，才使我们能够用通用机床和刀具像平常一样加工难切削材料"（白川太）。山阳精工正以这一难切削材料的加工技术为武器，进一步开拓医疗及飞机等新领域。

第 7 节　东京 R&D COMPOSIT 工业的 CFRP

加工切削面表面粗糙度仅 Ra0.4μm，既无分层也无残留

　　碳纤维增强基复合材料（CFRP）是在碳纤维上层叠多次浸渍有环氧树脂的片材（预浸材）后加热加压制成的，所以切削时容易导致预浸材之间、纤维之间出现分层和劈裂。日本东京 R&D COMPOSIT 工业（以下简称"东京 R&D"）解决了这些问题，并面向摩托车和汽车行业提供策划、设计、生产 CFRP 零部件的服务（图 4-18）。

　　以往，只有一级方程式赛车（F1）和 MotoGP 等赛车的零部件会用到 CFRP，且每种赛车零部件需要的个数都很少。因此，与其用昂贵的夹具机械切削，不如用旋转工具人工切削成本更低。东京 R&D 从 22 年前就开始积累机械切削 CFRP 的技术经验，但此前都不大有用武之地。

　　东京 R&D 制造部部长白岩一行表示："近几年来形势发生了很大改变。"因为不仅是赛车，量产型汽车也开始采用 CFRP。

图 4-18　日本东京 R&D 公司的加工实例和使用的机床

主要面向摩托车和赛车加工 CFRP 零部件，从零部件的提案到设计、成型、加工，提供一条龙服务。左图为发动机上的导流零部件——通风筒的加工实例。CFRP 切削使用的加工中心是山崎马扎克的"VTC-200B"（右图）和发那科的"ROBODRILL α-T14iAL"。

▶ 重要的"工具材质"

东京 R&D 的优势在于切削面的品质高。图 4-19 是该公司制造的回纹针样品。大小跟 500 日元硬币差不多，仔细观察发现厚度方向上有三层。整体厚度为 900μm，每层相差 300μm。这么微细的加工也没有出现分层和残留，表面粗糙度仅为 Ra1.6μm。此外，该公司的其他零部件，有的表面粗糙度仅为 Ra0.4μm。

东京 R&D 表示，切削 CFRP 主要有三大技巧：①根据切削部位区别使用工具；②根据部位调整工具的旋转方向、转速以

300μm的高度差

图 4-19　通过微细加工也能实现平滑的切削面

　　这是制造的回纹针样品。厚度为 900μm，设有 300μm 的高度差。这么微细的加工也很光滑，表面粗糙度仅 Ra1.6μm，加工时间为 3 分钟。

及进刀方向和速度；③合理设定切削程序。下面逐条来介绍。

　　（1）根据切削部位区别使用工具

　　关键是了解什么样的工具适合什么样的切削。例如，切削 CFRP 主要使用超硬合金工具，而超硬合金工具也分有金刚石涂层的和无金刚石涂层的。据东京 R&D 制造部机械加工组组长国益彻也介绍，要想实现平滑的切削面，关键在于工具的"锋锐度"。国益彻也说："无金刚石涂层的工具在锋锐度方面更为出色，但缺点是磨损得快，所以关键是如何用短寿命工具实现平滑的切削面。"

　　值得一提的是，东京 R&D 还在工具厂商的帮助下开发出

了将金刚石砂粒电沉积在机械构造用碳钢（S45C）上的自制
工具（图4-20）。

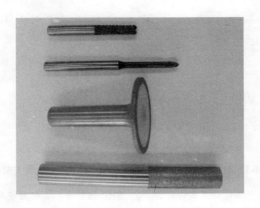

图4-20　CFRP加工中使用的部分工具

上面的两个是通过 CVD（化学气相沉淀）涂布了金刚石的超硬合金立
铣刀，属于市售工具。下面两个是电沉积了金刚石砂粒的工具，是在工具
厂商协助下自制的工具。

（2）根据部位调整工具的旋转方向、转速以及进刀方向
和速度

加工 CFRP 尤其需要注意工具的旋转方向和进刀方向，因
为由预浸材层叠而成的 CFRP 具有各向异性。

图4-21 表示切削采用了 UD 预浸材（仅一个方向配备了
碳纤维）的 CFRP 时的工具旋转方向和进刀方向。工具的刀刃
顺时针方向旋转时，在刀刃远离工件的部分，刀刃会沿着上挑
纤维的方向移动，因此这一部分容易出现分层。而从右向左进

刀，刀刃对着工件始终在压着纤维的方向上移动，就可以防止
分层。

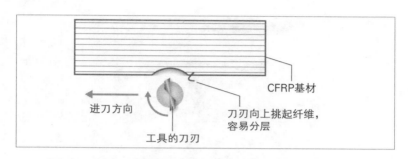

图 4-21　加工 UD（单方向）预浸材的 CFRP 时的刀具旋转方向和进刀方向

　　图为俯视工件和工具的状态。在 CFRP 切削中，工具的旋转方向与进
刀方向的关系非常重要。之所以容易分层，是因为在刀刃远离工件的部
分，刀刃沿着从工件上上挑纤维的方向移动。这时，如果从右向左进刀，
刀刃就会沿着始终压着纤维的方向移动，能够避免分层。

　　虽然道理很简单，但要不断积累这么精细的技巧才能实现
平滑的切削面。不过，该公司未公布具体的工具转数和进刀
速度。

（3）合理设定切削程序

　　切削程序方面，也需要下工夫。为了能解析重点，笔者将
对由芳轮纤维和碳纤维交织的片材层叠而成的复合材料的切削
程序与普通 CFRP 的切削程序进行对比。

　　以两种材料都开直径 10mm 的孔为例。普通 CFRP 在粗加
工时会首先从直径 10mm 中切掉中心直径 9.8mm，然后用合适

的工具精加工剩余的下料（厚度为 100μm 的中空圆筒）。

复合材料在粗加工时则会切掉比 CFRP 小的直径，保留更多的下料，并会通过精加工一下子去掉剩余的厚度。之所以这样做，是因为芳轮纤维发黏，容易出现残留。这种材料最好多留下料，再一下子切掉。

这里比较的是复合材料和普通 CFRP。事实上，CFRP 分很多种，也可以采用同一方法。除材料特性外，根据板厚和加工形状分配粗加工和精加工也非常重要。

东京 R&D 计划利用这些经验，打入量产摩托车和汽车零部件市场，同时扩大飞机领域的业务。

第 8 节　扶桑橡胶产业的橡胶

成型柔软的物品时尤其要注意在较短的交付期内区分
使用"切"和"削"

作为高弹性材料，弹性极限大的橡胶如果采用与金属等材
料相同的加工方法，加工形状很难达到准确。因为在与一般的
切削工具接触时，橡胶会剧烈变形，偏离原来的位置。因此在
过去，橡胶一般都会采用模具成型。

如今，出现了一家擅长通过切削等方式加工橡胶产品的企
业，它就是扶桑橡胶产业（总部位于广岛市）。该公司拥有的
切削加工技术能对天然橡胶、合成橡胶，以及像海绵一样的发
泡橡胶等各种橡胶材料进行切削。

▶优势在于小批量产品

扶桑橡胶产业成立之初是一家橡胶产品商社。为了满足客
户的迫切需求，该公司开始自主手工加工橡胶产品。为汽车企
业量产成型品一度成了该公司的主要业务。但由于成型品的订

购量波动剧烈，该公司决定不把客户锁定在特定企业，而是广撒网，把目光投向了试制品和小批量产品的加工。扶桑橡胶产业社长田村雅春表示："40多年前，通过购入车床和铣床，我们构建起了生产体制。"

尤其对于小批量产品，橡胶切削加工在成本和交货期等方面具有优势。以［图4-22（a）］所示的橡胶零部件为例，"如果数量在500个以内，切削加工的成本要低于使用模具制造"（田村雅春）。因为无需模具，自然也就缩短了交货期。一般来说，如果制作模具用于成型，交货期大约为一个月。而如果使用橡胶块和片材进行切削，"虽然具体情况因形状和材质而异，但2~3天即可交货。即使形状复杂，也只需要一周的时间"（田村雅春）。

除了成本低、交货快等优点，切削加工还有望扩大反复尝试的可能性。使用切削加工能轻松制造出形状和尺寸略有差别的零部件，符合希望在试制阶段多加尝试的客户需求。而且，细长凸起、小直径深孔等无法成型的形状也可以通过切削加工高精度实现。

▶ 使用"狼牙棒"加工

即便购入了车床和铣床，橡胶也无法像金属材料一样进行

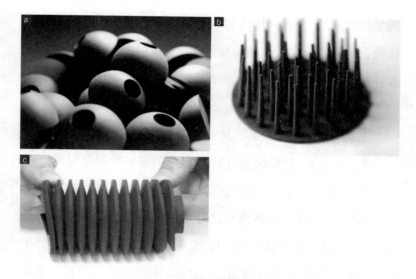

图4-22 橡胶的切削加工品

像（a）这样的形状，与其用模具成形出500个，不如用切削加工的方法更节约成本。（b）中的凸起是尖端直径0.5mm、根部直径1.2mm、高度9.5mm的零部件。如果是切削加工，就可以加工出这样微细形状的零部件，且一点一点地改变尺寸也很容易实现。（c）这样的波纹管形状是通过在基材的外围侧和内围侧切入切口制造出来的，浪费的材料很少。

加工。不仅精度达不到要求，表面还会很粗糙。那么，扶桑橡胶产业是如何加工橡胶的呢？田村雅春透露："相对于削，切的步骤更多。"

例如，使用冲头打孔（图4-23）。冲头是尖端有刃的圆柱形工具，可在旋转的同时按压到工件上，切割出圆形的切口。也就是说，这种方法不是剜掉孔的内部，而是沿着孔的外周线分离材料，去除内侧。

图4-23 加工橡胶时使用的工具

图片中是冲孔加工时使用的冲头，有各种各样直径的工具。此外，还有称为"毡栗"的狼牙棒形状的特有工具。这些工具需要根据不同的情况区分使用。

当然，单靠截断并不能制造出所有形状。在实际操作中，也要实施类似于"剜"的加工，使用像"狼牙棒"一样尖端带有凸起的自主工具，一点一点进行加工，加工之精细，甚至会产生像粉末一样细的切屑（这种工具在该公司被称为"毡栗"）。

▶橡胶独有的加工方法

因为承接小批量产品的加工，扶桑橡胶产业的加工现场会收到材料、形状各不相同的加工订单。对于什么地方要使用什么机械和工具，用什么方法加工，很大程度上需要操作者凭借技术经验进行判断。即便是相同的形状，方法也是多种多样，大小和数量也会影响到方法的选择。

有些高效的加工方法还是橡胶独有。例如，沿细长长方体的长度方向开凿沟槽的加工。要想实现这一加工，金属等必须使用铣床等工具进行切削，橡胶的加工则使用车床。

方法是把细长长方体工件绕成环形，两端用瞬间黏合剂固定，嵌入车床主轴（圆柱形夹具）。在这样的状态下旋转工件，接触刃具加工出沟槽（图4-24）。完成加工后，只要裁断工件的黏合部分使其恢复直线形，就能得到理想的沟槽。与使用加工中心（MC）进行加工相比，时间和成本都可以得到大幅压缩。

"橡胶可以切削加工现在还鲜为人知"（田村雅春）。虽然扶桑橡胶产业也在设法提高切削橡胶的认知度，但作为先驱者，为了让加工技术更上一层楼，该公司还在继续进行着挑战。

图4-24　用车床加工时的样子

　　通过将细长的立方体工件的断面之间进行黏合形成环状，并用车床进行加工。比使用自动换刀数控机床进行加工更加节约时间。右边的图片是工具切入橡胶中（切割）的样子。

第 9 节　FINETEC 的替代玻璃的硬质薄膜

通过冲压使加工时间缩短到 1/10，引发理想的脆性断裂

　　工业刃具生产商 FINETEC 社长本木敏彦表示："即使迎合新需求，开发出新材料，如果加工费力费成本，也无法充分发挥优势，此时就要依靠加工技术。"该公司与薄膜加工商 OSP、生产超硬合金材料的 FUJI DIE 等合作开发的透明硬质膜冲压加工技术就是一个典型范例。

▶瞄准智能手机的表面保护玻璃

　　为了替代智能手机和平板电脑顶层使用的表面保护玻璃，新开发的硬质透明膜层出不穷，材料种类繁多。有的是在聚甲基丙烯酸甲酯（PMMA）内夹聚碳酸酯（PC）制成的共挤膜表面涂布硬质涂层，有的是有机无机共聚体、光硬化性树脂。以往的硬质透明膜的铅笔硬度为 2H~3H，现在已经出现了与玻璃相当，达到 9H 的产品（图 4-25）。

图 4-25　旨在替代玻璃的硬质透明膜

硬质透明膜的开发层出不穷。图为大日本印刷开发的铅笔硬度 9H 的薄膜。在聚甲基丙烯酸甲酯内夹聚碳酸酯的共挤膜表面涂布了硬质涂层，具备适度的柔软性。

与玻璃相比，硬质透明膜的特点是重量轻、耐冲击性好。因此，在表面硬度达到玻璃的水平后，这种薄膜很可能一举得到广泛普及。但其中也面临着困难——铅笔硬度越高，薄膜越脆，越难使用生产效率高的冲压加工。冲压加工的周期约为 3 秒，而激光加工切割需要 30 秒左右，约是前者的 10 倍。当然也会造成制造成本暴涨。因此，对于建立硬质透明膜冲压加工技术，薄膜生产商有着强烈的需求。

▶ 截面上无数裂纹

常见的冲压加工方法的原理如图 4-26 所示。冲压加工是在冲压机的冲头一侧安装模具，内嵌按照保护层形状制作的冲压刃具。利用刃具的上下移动，把硬质透明膜冲压成保护层的形状。

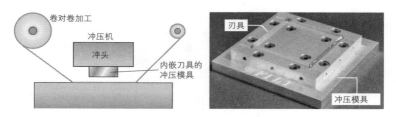

图 4-26　冲压加工流程

左图是卷对卷输送进薄膜，冲头上安装的冲压模具下降冲压薄膜。右图是内嵌刃具的冲压模具。倒过来安装在冲头上。

在实际生产中，硬质透明膜卷对卷向冲压机供应。硬质透明膜的上下两面贴有厚度约为 50μm 的保护膜，冲压时，切割的深度将达到下侧保护膜的一半左右。这样一来，即使完成冲压，薄膜也不会七零八落。因为采用的是简单一次性加工方式，所以周期只需要 3 秒左右。

激光加工则要按照保护层的形状照射激光进行切割，需要的时间长于一次性成型的冲压加工。现在主流的表面保护玻璃采用的是激光加工制造，如果能改用硬质透明膜冲压加工，生产效率就能得到大幅提升，成本也有望得到压缩。当然，如果进行通常的冲压加工，截面上会出现无数裂纹。

图 [4-27(a)]、图 [4-27(b)] 是对硬质透明膜进行一般的冲压加工后薄膜的加工截面。截面上产生了大小不一的众多裂纹。虽然经过研磨之后仍可作为保护层使用，但耗费的成本大。为此，前面提到的三家公司尝试开发了无需后加工即可制作出高品质截面的冲压加工法。FINETEC 负责开发冲压加工使用的刃具，FUJI DIE 负责开发制造刃具的超硬合金，OSP 负责实际的成型加工。

图 4-27　冲压加工后的截面

（a）与（b）是以往冲压加工的截面。（c）是使用此次开发的刃具，在优化加工条件后进行冲压加工的截面。

▶ "打碎"般的切割

在参与合作开发的九州大学和金属系材料研发中心的协助下，通过反复尝试，三家公司发现在硬质透明膜的冲压加工中，如果切割时向薄膜施加剪切力，截面就会粗糙，但如果像"打碎"一样切割，因为主要是脆性断裂，所以很容易形成高品质的截面。因此，如何找到在保持截面整洁的状态下诱发脆性断裂的加工条件，就成了实现硬质透明膜冲压加工的关键。

具体来说，重要的是刀头的平直度与角度。刀头平直度大，刀头就会同时接触薄膜，从而提高加工的均匀性。因此，刀头的平直度达到了亚微米尺度。

此外，刀头角度的优化还存在更复杂的问题，即最佳角度因加工的硬质透明膜的成分而异。即便是多层构造的薄膜，在加工时也必须进行相应的调整。也就是说，需要为薄膜逐一寻找最佳的刀头角度。

例如，对于某种硬质透明膜而言 90°是其最佳刀头角度，但通常利用剪切力截断时刀头角度是锐角，这个结果与常识相去甚远。通过采用上述条件，可使纵 90mm×横 50mm×厚0.2mm、铅笔硬度 9H 的硬质透明膜省去后加工环节，直接通过冲压加工进行制造 ［图 4-27(c)］。

FINETEC 研究开发室主任研究员坂口信介说："我们现在仍然在开发智能手机保护层等使用的硬质透明膜，也在积极采用新材料。此外，除了树脂膜，我们还在挑战玻璃膜的冲压加工。"

第 10 节　追求效率，增加竞争力

涂层和形状快速进化

　　挑战难加工材料的不仅有用户，还有各种刀具制造商。例如，超硬合金的"可切削，不可切削"问题。一直以来都有切削刀具，但由于刀具价格过高或加工时间过长，可使用的范围较小。

　　刀具制造商致力于开发硬材料的高效切削刀具。这里主要介绍一下开发了能够短时间内切削加工超硬合金的低成本刀具的佑能工具公司，以及扩充能够雕刻加工广泛用于模具素材的高硬度钢的刀具种类的日立工具公司。

▶提高涂料的胶黏性

　　加工超硬合金时，最常见的是放电加工和研磨加工的组合。"切削工件需要硬刀具。也就是说，要切削超硬合金，刀具必须有更高的硬度"（佑能工具技术部端铣刀具开发课课长渡边英人）。

在这一点上，利用单晶金刚石或立方氮化硼（cBN）等的刀具也可以加工超硬合金。但是，单晶金刚石刀具的单价高达十几万日元，加工时切痕量只有几微米，所以一般只利用在最后的加工上。最值得期待的是以超硬合金作为母材，即为超硬刀具涂层实现超硬合金加工的方法。

佑能工具从十多年前开始就利用独创的热 CVD（化学气相沉积）方法制作金刚石涂层刀具并实现了商品化。"最开始的目的是加工石墨电极"（渡边英人）。维氏硬度 HV9000 左右，也适用于玻璃纤维增强塑料（GFRP）和碳纤维增强复合材料（CFRP）。

"UDC 涂层"是为了超硬合金加工开发的金刚石涂层技术进化版。UDC 涂层比该公司原有金刚石涂层"DIA 涂层"有更高的硬度和韧性。"通过控制涂料的微小组织，可大幅度提高胶黏性和耐磨损性"（渡边英人）[1]。比如，涂层厚度是石墨用 DIA 涂层的一半。"减小涂层厚度，可避免内部应力造成剥离"（渡边英人）。

2012 年，佑能工具发售了 UDC 系列的 UDC 涂层的端铣刀和钻（图 4-28）。该系列属于低价刀具，价格"不足单晶金

---

[1] 佑能工具实施的喷砂实验中，通过喷涂喷砂材料，可以将涂层的剥离、磨损时间延长 2.5 倍。

刚石刀具价格的1/6"（佑能工具端铣刀部国内端铣刀课课长小林孝一）。

图4-28　佑能工具的超硬合金加工用刀具

　　利用独创金刚石涂层"UDC涂层"开发的刀具。通过控制金刚石涂层的微小组织增加硬度和韧性，提高耐磨损性。

▶100μm 切痕

　　UDC 系列还实现了加工时间的缩短，最大理由是使此前未能实现的100μm 深切削成为可能。

　　佑能工具称："大约两年前，我们在展示会上展示了勉强可以切削超硬合金的刀具，被指出'无法实现量产'。"如果只是能进行切削加工，那和单晶金刚石没有区别。所以，佑能工具考虑从提高加工效率上超越。

　　实际上，UDC 系列的切削中会排出扇形的切削废料（图4-29）。原来的切削量非常小，排出的与其说是切削废料，不如说是"切削粉末"。深切削可以使"放电加工所需的 10 小时加工时间大幅度缩短"（小林孝一）。

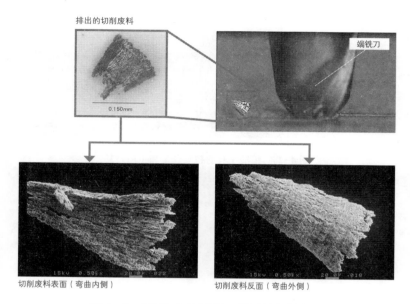

图 4-29　超硬合金的切削加工排出的切削废料

使用金刚石涂层制成的球头端铣刀"UDCB"（球头半径：0.5mm，刀长：0.7mm），加工超硬合金（洛氏硬度：HRA90）。轴向切削深度为 100μm（主轴转速：30000rpm，进刀速度：300mm/分），可以排出与以往一样的扇形切削废料。

出人意料的是，超硬合金切削加工的需求量除了冷锻、镜片成型的模具，夹具也很多。例如，图 [4-30(a)] 为洛氏硬度 HRA90 以上的无黏合剂超硬合金的加工例。25mm×25mm 的区域，从粗加工到精加工，使用整个 UDC 系列的 5 种刀具加工 8 小时 49 分钟。粗加工的切削量为 100μm。

利用比放电加工更为精确的切削加工技术，可以缩短研磨工序。"可以考虑在 UDC 系列的加工基础上，用单晶金刚石刀具进行高品质精加工"（小林孝一）。

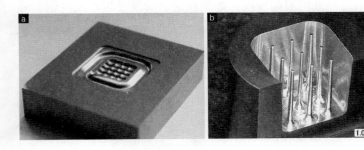

图 4-30　超硬合金的加工实例

（a）是加工部 25mm×25mm 无黏合剂超硬合金（洛氏硬度：HRA90 以上）制透镜阵列。同时，5 轴控制的加工中心安装球头端铣刀（R0.5 和 R1 两种），5 道工序，共加工 8 小时 49 分钟。（b）是将超微粒超硬合金（同 HRA92.5）用长颈球头端铣刀"UDCLB"（R0.5）加工成花插状。加工部宽 6mm×长 6mm×高 5mm，凸出部位直径尖端为 0.2mm，底部为 0.34mm。使用两种刀具，共加工 1 小时 31 分。

▶高硬度钢的模具雕刻加工

虽然硬度不如超硬合金，但模具经常使用的经过热处理（淬火）提高硬度的高硬度钢也属于难切削材料。

日立工具扩充了高硬度钢的雕刻加工刀具种类。"高硬度模具实现雕刻加工，加工时间将会缩短到原来的 1/3"（日立工具成田工厂开发中心长赤松猛史）。

图 4-31 是对现有工序和雕刻加工工序的比较。现有工序中，制造高硬度钢的模具时需要通过切削钢材进行粗加工，然后再通过热处理提高硬度。如果在这个阶段成为高硬度钢，那么之后的切削加工就会变难。热处理的变形经过放电加工修正，最后研磨工序完成。

● 现有方法（淬火前粗加工+放电加工）

● 高硬度钢（淬火后）雕刻加工

图 4-31　加工工序的比较

现有热处理（淬火）后的高硬度钢的切削加工很难，先粗加工后再热处理。如果可以直接加工高硬度钢，热处理的过程就可以在接单之前完成，从而获得比放电加工更高的精度并能缩短研磨工序。

以往，热处理多委托给合作企业，接单到发货之间含有自家公司无法完成的工序。为了保证安全必须设定较长的加工期间，这也是发货不得不延长的原因。

相比之下，如果实现了高硬度钢的雕刻加工，就可以提前准备热处理钢材，接单后马上准备加工。并且，比起放电加工，雕刻加工的形状可以更精确，研磨工序也能缩短。例如，"用现有工序制造某模具时，热处理需要 37 小时，而雕刻加工所需时间约为其 1/3，即 13 小时"（赤松猛史）。

▶ 只有一部分工序不够完整

在这样的背景下，日立工具致力于开发高硬度钢的雕刻加工刀具，开发实现维氏硬度 HV3600 的硅涂层"TH 涂层"，使高硬度钢的切削加工成为可能[①]。之后，涂层技术不断改良，开始适用于各种其他刀具（图 4-32）。

最重要的是具备模具加工所需的所有刀具。其实，日立工具在 2010 年以前就开始销售高硬度钢用刀具，且首先发售了涂有 TH 涂层的端铣刀。赤松猛史表示："考虑模具加工的完整工序，仅使用端铣刀是不够的。"

的确，用端铣刀切削高硬度钢，可以用切削加工代替放电加工的一部分，但不能代替全体。可以从中粗加工到精加工，但其他工序必须遵从原有程序，即必须在热处理前完成。并

---

① TH 涂层不仅硬度高，耐热性也高达 1000℃。通常，高硬度钢的加工中为了防止温度急剧变化造成的热裂纹会采用干加工，使温度加热到 900℃。但是，为了排出切削废料，小径刀具和钻需要使用冷却剂。

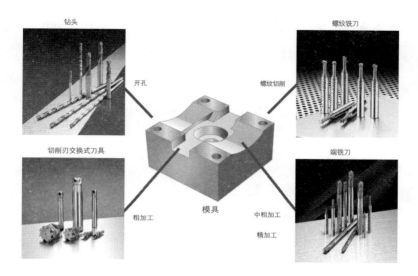

图4-32 日立工具的高硬度钢模具加工刀具组

准备从粗加工到开孔，螺纹切削，中粗加工，精加工使用刀具，可将热加工（淬火）钢材雕刻加工为模具。

且，还要准备可以完成这些工序的刀具，否则无法完成高硬度钢模具的雕刻加工。

▶不能单纯追加涂层

具体来说，有冷却管和推杆上打孔的钻，打螺丝孔用丝锥，较大型模具还需要粗加工切削刃交换式刀具。如果没有这些，就无法完成模具的精加工。实际上，端铣刀后日立工具还发售了使用 TH 涂层的打孔钻，但"丝锥商品化之前没有获得关注"（赤松猛史）。

这些刀具仅在原有基础上追加涂层是不够的。例如，用丝锥加工高硬度钢，尤其是拔出刀具时，折损有可能残留在孔中。而一旦发生折损，取出作业将十分困难，因为刀具的母材也是超硬合金。如果不能用放电加工取出，就必须从头开始加工模具。

于是，日立工具在添加了 TH 涂层的丝锥的反方向上也安装了切削刃。反向旋转时，切割废料的阻挡可以抑制折损残留。

此外，日立工具早在 2010 年就开发了加工超硬合金的螺纹铣刀[①]。螺纹铣刀是比孔径更小的刀具，通过刀具自转可以切削孔内侧，让其螺旋状"公转"形成螺丝槽。"在演示了洛氏硬度 HRC60 的高硬度钢的开孔和螺纹切削之后，观看的人通常都表示不可思议"（赤松猛史）。

使用螺纹铣刀，即使有折损也可以轻松在孔内除去。螺纹铣刀的涂层不是使用 TH 涂层的进化版 ATH 涂层[②]，而是使用铝铬"PN 涂层"。与 ATH 涂层相比硬度下降，但润滑度增加。

---

① 有可以开孔和螺纹切削同时进行的装有端铣刀片的螺旋铣刀。这里添加有 ATH 涂层。

② 硬度为维氏硬度：HV3800，耐氧化温度提高到 1200℃。

剩下的是粗加工用切削刃交换式刀具（刀座和切削刃），这是最难的。固态端铣刀可以改变刀具形状，切削刃因为只有刀刃部分所以很难改变形状。日立工具在刀座高精度化和切削刃的安装角度上也下了一番功夫。例如，通过将切削刃的刀面角制成负角，增大缝隙。

赤松猛史说："模具加工的刀具成本约占全部成本的5%。高硬度钢用刀具的价格有的比其他刀具更高，但是在提高模具加工效率上可以弥补差额。"高硬度钢的雕刻加工还鲜为人知，日立工具认为今后其使用需求会慢慢扩大。

第五章

CFRP 配备于大众型汽车，成本低廉，与铁相当

　　围绕 CFRP（碳纤维增强基复合材料）开展的技术开发给汽车产业注入了活力。把 CFRP 零部件的成本降低到与钢板零部件相当，以配备于大众型汽车为目标的各项工作进展迅猛。宝马公司（BMW）的"i3"作为首款采用 CFRP 骨架的量产车备受瞩目，而正式将 CFRP 配备于车辆的计划，才刚刚拉开序幕。

第 1 节　CFRP 配备于量产车

▶宝马电动汽车"i3"

　　世界首款采用 CFRP（碳纤维增强基复合材料）制造车体主要骨架的量产车在日本发售（图 5-1）。这款车就是德国宝马公司（BMW）的电动汽车"i3"①。

　　"i3"的价格为 499 万日元。以往，将 CFRP 作为主要结构零部件采用的是数千万日元的"超级跑车"，生产数量也是有限的。而"i3"作为量产车，已经收到了 1 万辆的订单，这意味着 CFRP 可以用于量产车，其成本效益比会更高。宝马公司今后的方针也是把 CFRP 积极应用于汽车的结构零部件。插电式混合动力车"i8"也在采用相同结构的骨架。

　　为了应对 CFRP 应用范围的扩大，宝马公司下定决心大幅

————————

　　①　"i3"中，除了电动汽车外，还有搭载增程器的汽车。

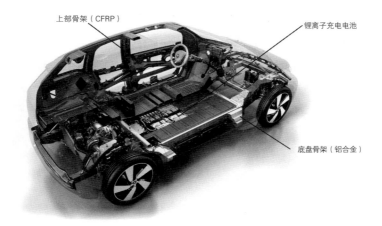

上部骨架（CFRP）

锂离子充电电池

底盘骨架（铝合金）

图 5-1　宝马电动汽车 "i3" 的切割模型

上部骨架（life module）采用的是 CFRP，下部底盘（drive module）采用的是铝合金。充满电时的续航距离为 229km（JC08 模式）。在日本，标准车型的价格为 499 万日元。

扩大碳纤维①的生产能力。其位于美国华盛顿州的碳纤维工厂是与碳材料生产厂商 SGL 集团合并运营的，生产能力从年产 3000 吨提高到了年产 9000 吨。假定 1 辆汽车使用 50 公斤的碳纤维，那么 9000 吨相当于 18 万辆、100 公斤相当于 9 万辆。2013 年的全球碳纤维需求量是 41000 吨（东丽的调查），宝马公司的生产能力达到了全球碳纤维需求量的两成以上。

---

①　碳纤维中，包含以 PAN（聚丙烯腈）纤维为原料的类型和以石油沥青为原料的类型。本节介绍的主要是用于结构材料的以 PAN 纤维为原料的材料。

"i3" 量产带来的影响还波及了日本厂商。实际上，"i3" 采用的碳纤维原料 PAN（聚丙烯腈）纤维一直由三菱丽阳与 SGL 集团的合并公司提供。该合并公司也在推进大量增产的计划（图 5-2）。

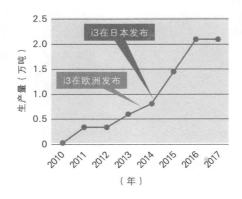

图 5-2 宝马公司 "i" 系列采用的碳纤维原料大幅增产

供给 "i" 系列采用的碳纤维原料的三菱丽阳大竹事业所大幅提高了生产量。

▶可大幅轻量化

CFRP 的最大特征在于单位重量的强度以及刚性高。通过对这一特征的灵活应用可以实现大幅轻量化以及新的设计理念。

图 5-3 是新能源产业技术综合开发机构（NEDO）测算

的、应用 CFRP 后的汽车轻量化效果。以钢铁为主要结构材料的汽车重量是 1380kg，而通过灵活应用 CFRP 可以实现 410kg（约 30%）的轻量化。从结果来看，有望达成 22.5% 的油耗改善。

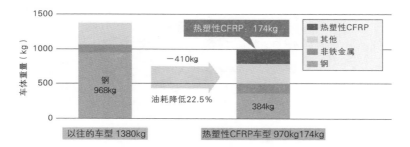

图 5-3　将 CFRP 用于结构零部件和外板，可实现车体的轻量化和油耗的降低

　　根据新能源产业技术综合开发机构的测算，汽车引擎盖、引擎罩、骨架等从以钢铁为原料转变为以热塑性 CFRP 为原料后，车体重量可以减轻 410kg（约 30%），油耗可降低 22.5%。

　　燃油规范（二氧化碳排放规范）正在全球推行，22.5% 的油耗改善对于汽车制造厂商来说有非常大的吸引力。"i3" 的汽车重量是 1260kg。电动汽车由于搭载了充电电池等，一般会比较重。尽管如此，"i3" 仍然比普通的发动机汽车（约 1400kg）轻 140kg 左右。各种各样的轻量化技术已经应用于"i3"，而其中效果最好的就是 CFRP 骨架的采用。

▶配备于大众型汽车已成必然

作为对宝马公司动向的印证，碳纤维的全球市场今后将急速扩张（图5-4）。根据东丽的分析，2020年的全球需求量会扩大到140000t，是2013年的3.4倍。除了增产采用CFRP的飞机外，汽车领域的需求扩大也是可以预见的。

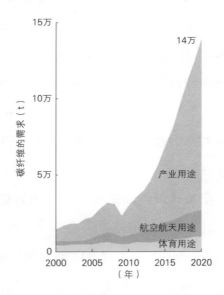

图5-4 碳纤维的全球需求量的推移和展望

随着飞机的增产、汽车领域需求量的增加，碳纤维的全球需求量也必定会增加。如果能将碳纤维应用于大众型汽车的主要结构零部件，将会产生更加庞大的需求量。

　　然而，东丽提出的，还只是一种保守预测。为什么这么说呢？因为东丽随后公布了技术革新的最新进展——将 CFRP 配备于大众型汽车的基本骨架已为大众所关注。如果实现了这一技术，市场规模将进一步扩大。

　　想要实现这一技术，必须将 CFRP 零部件的成本效益比降低到钢铁零部件的程度。不，成本效益比可能要更低。因为对成本要求十分严格的大众型汽车而言，要求将零部件的供应价格降低到与钢板零部件价格相当的可能性是很高的。也就是说，实现成本"与铁相当"是大势所趋。

　　因此，"碳纤维的制造成本"和包含成型成本等的"CFRP 零部件的应用成本"（图 5-5）都必须得到大幅降低。其中，得益于各项技术的开发应用，在削减 CFRP 零部件的应用成本方面已经有了很大进展。

　　然而，在削减碳纤维制造成本方面取得的进展还是有限的。

　　美国、日本、德国等在取代 PAN 纤维的低廉碳纤维原料的开发，以及新型制造工序的开发上取得了一定的成果，但是这个成果的作用并不大。

　　结果，为了抑制制造过程中因大量消耗产生的电力成本，很多企业采取了在电费低廉的地区设立工厂的措施。宝马公司之所以在美国华盛顿州建设碳纤维工厂，有一部分重要原因也

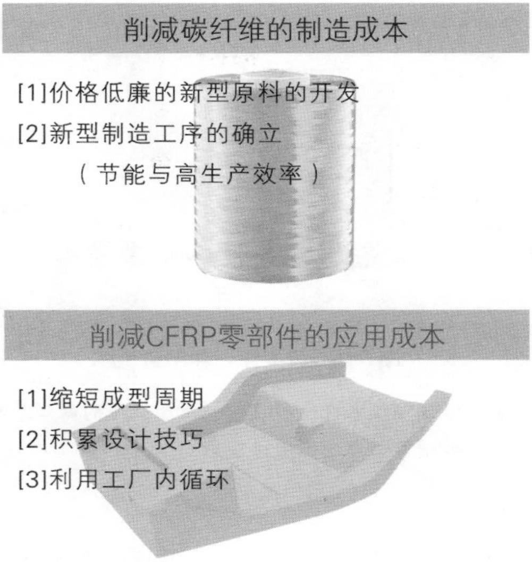

削减碳纤维的制造成本

[1]价格低廉的新型原料的开发
[2]新型制造工序的确立
　　（节能与高生产效率）

削减CFRP零部件的应用成本

[1]缩短成型周期
[2]积累设计技巧
[3]利用工厂内循环

图5-5　实现如钢铁般低廉的成本必不可少的两条途径

"碳纤维制造成本的削减"和"CFRP零部件应用成本的削减"这
两大成本因素十分重要。

是为了利用那里廉价的水力发电技术。但是，仅凭这个方法，
是不足以将成本降低到满足在大众型汽车上配备 CFRP 零部件
的要求的。

　　然而，眼下这一壁垒立刻就要被打破了。碳纤维的新制造
工艺的开发进展顺利，日本的国家项目"革新碳纤维基础技术
开发"找到了新原料，相应地提出了新的制造工艺（图5-6）。

　　该项目是以东京大学研究生院工学系研究科教授影山和郎
为总负责人，产业技术综合研究所能源技术研究部门（首席

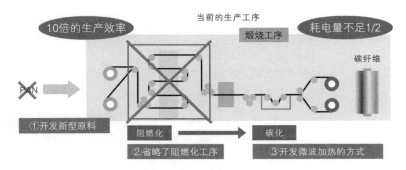

图 5-6　改变原料和制造工序

在改革碳纤维基础技术开发项目中，对于低廉的新型原料和兼具低成本与高生产效率的制造工序的开发进展顺利。

研究员）羽鸟浩章为项目负责人，由在全球碳纤维的生产中占七成的东丽、帝人（东邦特耐克丝）、三菱丽阳三家公司共同参与的大型项目。

实际上，碳纤维厂商对这一项目的投入十分可观。帝人集团执行总裁兼碳纤维复合材料事业本部部长、东邦特耐克丝社长吉野隆介绍说："量产技术的确立需各种各样的技术开发，虽然还没到必须以新型制造工序来实现量产的阶段，但是期望还是很大的。"东丽董事兼生产总部（复合材料技术、生产、ACM 技术部）负责人吉永稔也强调说："将 CFRP 作为通用型材料来使用的技术绝对是有必要的。"

影山和郎则表示："针对高性能碳纤维的有效量产工序的确立效果显著，有望大幅削减碳纤维的制造成本。"通过削减制造成本降低碳纤维的价格，一定会对将 CFRP 配备于大众型汽车起到强大的推动作用。这一技术成功应用的话，近些年来作为碳纤维生产基地而急速发展的中国，势必会在价格竞争力上处于优势地位。

▶ 发现新原料

日本《革新碳纤维基础技术开发项目》是如何控制制造成本的呢？答案是改变原料。也就是说，开发能替代 PAN 纤维的新原料。

碳纤维制造成本的明细并不十分清晰。美国 Oak Ridge National Laboratory（以下简称 "ORNL"）公布了分析结果。结果显示，约 50% 为原料成本，紧接着的是电费等公共事业费用、人事费用、折旧摊销费用（图 5-7）。

每千克原料 PAN 纤维的价格为数百日元，由于碳化过程中碳以外的成分会被清除，所以重量会减少到一半以下。也就是说，从 2kg 的 PAN 纤维得到的碳纤维在 1kg 以下。由此可知，单位重量的原料成本增加了。

PAN 纤维直接暴露于高温环境中会燃烧掉。为了不让燃烧发生，要在 200℃~300℃的温度下使之氧化（阻燃化过程），再在 1000℃~2000℃的高温下使之碳化（碳化过程）。这个过程要

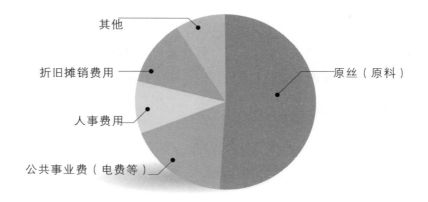

图 5-7　碳纤维的制造成本明细

成本比率最高的是原料费，电费等公共事业费次之。

美国 Oak Ridge National Laboratory 分析数据。

（资料来源：C. D. Warren et al, SAMPE Journal, 45-2, pp. 24-36, 2009。）

加热，而加热会消耗大量电力，进而抬高制造成本。

　　整个过程中，尤其是阻燃化过程中，"设备比较大，除了设备投资增加之外，阻燃化过程所需时间占了制造时间的九成，对生产效率造成了很大影响"（影山和郎）。《革新碳纤维基础技术开发项目》的最大成果，是找到了能省略这一阻燃化过程并替代 PAN 纤维的廉价新原料。

▶ **能跨过1000日元/kg 的门槛吗?**

　　《革新碳纤维基础技术开发项目》初期集中在新原料 A

（通过碱性含氮官能团可溶于溶剂的芳香族类高分子新型前驱体化合物 A）和 B（具有溶解剂在氧化聚合物链上像长袖和服一样连接的柔软结构的新型前驱体化合物 B）两种高分子上[①]。

该项目对于采用了这些新原料的碳纤维的性能上设定了中间目标和最终目标，初期测定值已经确定（表 5-1）。

表 5-1　两种新原料制成的碳纤维的特性

		拉伸弹性模量	拉伸强度（GPa）	断裂伸长率（%）
新原料 A	当前的测定值	200	1.8	0.9
	中间目标	170	（1.7）	1.0
	最终目标	235	（3.5）	1.5
新原料 B	当前的测定值	180	2.1	1.1
	中间目标	170	（1.7）	1.0
	最终目标	235	（3.5）	1.5

（）内的拉伸强度是通过拉伸弹性系数和断裂伸长系数计算出来的。

中间报告指出，新原料 A 的抗拉强度和断裂伸长率通过

---

① 产业结构审议会产业技术环境分科会、研究开发与评价小委员会·评价工作小组，《革新碳纤维基础技术开发评价中间报告（方案）》，2014 年 3 月，pp. 13-15。

纺丝过程和碳化过程的改善有望提高 2 倍左右，并且表明超过（表中的）最终目标的碳纤维是可以获得的。

最终目标提出的性能与飞机上的二次结构材料等使用的碳纤维相当，因此完全可以应用于汽车领域。

此外，制造工序方面，省略阻燃化过程具有十分重大的意义。阻燃化过程占到制造时间的九成，如果省略了这一过程生产效率就会大幅提高，与公共事业费直接相关的电力消耗也将得到大幅控制。《革新碳纤维基础技术开发项目》中就提出了"将生产效率提高 10 倍，电力消耗降低到 1/2 以下"的目标。

生产成本的目标还不是很明确。ORNL 同样开展了面向低成本汽车的碳纤维开发项目，其成本目标是 1 ~ 7 美元/1b（1157 ~ 1620 日元/kg，以 1 美元 = 105 日元来换算）。《革新碳纤维基础技术开发项目》或许会将其作为基准。甚至可以说，1000 日元/kg 已经成为 CFRP 能否配备于大众型汽车的分水岭[①]。

影山和郎以汽车厂商的技术人员为对象，实施了 1000 个以上项目组成的调查。得出的结论是：如果跨过了 1000 日

---

① 碳纤维为 1000 日元/kg 时，可推算出用户企业买进的中间基材约 800 日元/kg。假设采用的是热塑性 CFRP 且树脂价格在 200 日元/kg，那么如果以碳纤维 50%、树脂 50% 的比率复合，原料价格就是（1000+200）/2，即 600 日元/kg。再加上约 200 日元的制造中间基材的加工费，就成了 800 日元/kg。值得一提的是，由于比重是铁的 1/4，所以与 1kg 的铁相同体积的 CFRP 中间基材约为 200 日元。

元/kg 这个门槛，即使没有轻量化的优势，也可以在结构零部件上配备 CFRP。

当然，钢板的价格比 1000 日元/kg 要便宜很多，但是 CFRP 的强度、刚性比较高，使用量比铁少。CFRP 还具有耐冲击性和耐腐蚀性等优点，其作为零部件来说具有与铁相当的成本效应。并且，CFRP 更优于铁的成本效应还是很值得期待的。

该项目还处于对每年可生产数公斤左右的设备进行基本实验的阶段。到量产技术确立为止，还有很长的一段路要走。2016 年曾制造出每年能处理吨级订单的实验设备，接下来会进行量产技术的开发。

▶成型、设计、再利用是关键

CFRP 的两大成本因素中，与碳纤维制造成本的削减相对应的另一成本因素——CFRP 零部件的应用成本削减技术开发进展势头良好。其开展途径（如前文提到的图 5-5）大致分为三部分：①缩短成型周期；②积累设计技巧；③利用工厂内循环。

如果能实现"①缩短成型周期"，零部件的生产效率就会得到提高，零部件的单价就有可能下降。在此，热塑性树脂引人关注（图 5-8）。

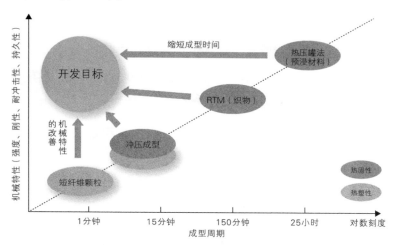

图 5-8　成型加工技术的开发途径

　　热固化 CFRP 的机械特性优异但成型周期较长，所以缩短成型周期成了开发目标。另外，热塑性 CFRP 的成型周期较短，但是机械特性较低。基于此，改善机械特性就成了开发目标。

　　通过"②积累设计技巧"可以实现活用 CFRP 各向异性的相关应用设计。可以根据零部件的位置合理配置机械特性，这样既能达到更加轻量化的目的，也能削减碳纤维的使用量。

　　"③利用工厂内循环"，指的是工厂内部循环再利用的推进。如果能循环利用废弃的边角料，就有望在降低环境负荷的同时削减成本。随着碳纤维价格的降低，如果能通过这样的技术开发削减 CFRP 零部件的应用成本，就可以稳步接近"成本与铁相当"的目标。

其中，瞄准"①缩短成型周期"，汽车厂商和碳纤维厂商的共同开发进展顺利。其流程大致可分为在树脂成分中使用热固性树脂的 CFRP 和使用热塑性树脂的 CFRP 两部分。

美国通用汽车公司和帝人公司共同推进了"使用 1 分钟内成型热塑性 CFRP 的技术制成零部件"的开发工作。在成本削减方面，热塑性树脂有优势，但与热固性树脂相比机械特性较低，如何应对这一点成为课题。为了解决这一课题，以东京大学为中心的研究小组正在推进开发进程。

CFRP 改变了单镜头反光相机的主体结构

尼康（Nikon）通过在单镜头反光相机的机身上采用热塑性 CFRP（碳纤维增强复合材料），使得机身结构焕然一新，实现了轻量化（图 5-9）。以往，尼康在单镜头反光相机主体的内部整合了钢和镁合金制成的机架，并且安装了将聚碳酸酯（PC）注塑成型而制成的机壳［图 5-10（a）］。结构零部件主要指的是机架，外壳对机身的强度和刚性几乎没什么影响。

图 5-9　在机身上采用 CFRP 的尼康"D3300"

采用高刚性的 CFRP 使得机身结构焕然一新。与旧机型相比，实现了约 45g 的轻量化。

图 5-10　以往的机架结构和新开发的单壳结构

以往一直是由机架支撑机身的，而新开发的单壳结构是由外壳整体支撑机身的。

另外，采用 CFRP 材料机身的 "D5300" 和 "D3300"，其外壳整体是构成结构零部件的单壳结构（"D750" 机身的一部分也采用了 CFRP）。也就是说，从这两种机型开始就不再有机架了。

通过结构解析对主体的设计进行优化后，"D3300" 实现了 45g、约 10% 的轻量化。尼康影像事业部开发本部第一设计部第三设计科副总奥谷刚介绍说："由于最近新配备了 GPS 和 Wi-Fi 功能，机身变重的倾向很明显。我们计划进行 mg 单位的设计，以实现轻量化。但目前并没有其他更好的技术能一次性减少 45g 的重量。CFRP 机身的实用化绝对是一个只许成功不许失败的项目。"

尼康采用的 CFRP 是帝人制造的 "Sereebo"，是在注塑成型用的 PC 中填充碳纤维后形成的材料。这种 CFRP 以前就存在，只是这次采用的 CFRP 强度更高，外观品质更优。假设普通的玻璃纤维增强树脂的抗弯强度是 100，那么以往的 CFRP 就是 160，而这次采用的 CFRP 达到了 260，比镁合金更高。正因为有如此高的强度，才能实现单壳机身。

机身结构焕然一新后，与之相应的设计手法也有了很大改变。

在内部整合了机架的旧机型中，作为主要零部件的成像元件，以及快门、取景器、自动对焦机构等都被安装在了机架上。但是，"D5300"和"D3300"上并没有机架，所以在何处安装这些零部件是需要从头开始考虑的。

此外，在旧机型中，配置零部件的基准是机架，而在没有机架的单壳机身中就变成了镜头卡口。通过零部件的配置与安装方法的优化，可以实现零部件数量的削减和内部结构的简单化，组装起来也会更加容易。

第 2 节　熟练掌握 CFRP 的种类和结构

▶ **CFRP 的种类和结构**

　　各种 CFRP 是如何被制造出来的？这得先从碳纤维说起。

　　碳纤维是一种纤维，和树脂组合成复合材料后，才能用于制造零部件。根据所用树脂的种类和碳纤维的品种、状态（可以制造成织物、短纤维等多种多样的形态）的不同，CFRP 的特性也大不相同。单是主要的中间基材及成型材料，就有四种。而每一种中间基材和成型材料，都有不同的主要成型法（图 5-11）。

▶ **"热固性"与"热塑性"**

　　CFRP 中使用的树脂主要有两大类：一类是环氧树脂和不

碳纤维
比强度约为铁的10倍，比弹性率约为铁的7倍，机械强度优异。此外，比重约1.8，约为铁的1/4。因此，可发挥出显著的轻量化效果。

中间基材与成型材料

织物
织物要先在模具上定型，然后再用树脂加固。需要设计各种织造方法。作为增强型材料，这种织物可以改善机械特性。

预浸料
一种在织物上渗透树脂（主要是环氧树脂）后形成的片材。也可以用单向纤维的胶带来取代织物。

SMC（Sheet Molding Compound，片状模塑料）
SMC是一种使不连续的碳纤维平均分散开，并且渗透了树脂（主要是不饱和聚酯）的片状中间基材。因为纤维可以切断，所以形状自由度很高。

颗粒
一种使热塑性树脂中的短纤维分散开，并且可以注塑成型的成型材料（颗粒）。可用于普通注塑成型机器。

成型法

RTM（Resin Transfer Molding，树脂传递成型）
将碳纤维的织物等预成型后做成产品形状的坯料，然后将坯料放入模具，注入环氧树脂等材料。此时，模具内要进行真空排气，使树脂迅速渗透碳纤维。同时，还要对模具整体进行加热使成型品固化。近些年来，成型周期不断缩短，甚至有的技术可以在几分钟内实现固化。

热压罐成型
热压罐成型是典型的使用预浸料的成型法。飞机的主翼就是用这种成型法制造的。热压罐法利用的是高温高压的压力容器。由于升温、保温、冷却等环节很费时间，成型周期一般在2~4小时。可以得到高刚性、高强度、高尺寸精度的成型品。

冲压成型
将SMC放在模具上，边冲压成型边加热。成型周期可缩短至2~3分钟。特点在于形状自由度高。热塑性CFRP的片材也是通过冲压成型加工制成的。如果是热塑性树脂，那么就无需固化反应，成型周期只有1分钟左右。

注塑成型
只适用于采用热塑性树脂的CFRP。基本方法与普通的注塑成型一样。

图5-11　CFRP的种类和结构

饱和聚酯树脂等热固性树脂；另一类是聚丙烯（PP）和聚酰胺（PA）等热塑性树脂。这两种树脂性质各异。

热固化树脂在碳纤维渗透阶段是低黏度单体，成型时通过加热引起聚合反应进而形成聚合物（树脂）。聚合反应很费时间，因此成型周期一般都很长。制造飞机的结构零部件时采用的热压罐法，加热时间达到了 2~4 小时。

另外，如果使用的是热塑性树脂，其成型与普通树脂成型基本相同，因此小型零部件的注塑成型在 10 秒内就能完成。即便是相当大的零部件，冲压成型也只需数分钟，生产效率高，可轻松实现低成本化。不过，与热固性树脂相比，热塑性树脂熔融黏度较大，因此大型零部件在成型时需要用到大型冲压机器。

▶ **多种多样的 CFRP**

丰田汽车在其生产的 500 辆 "雷克萨斯 LFA" 上，就大胆采用了轻量材料（尤其是 CFRP），使车体如同一间展厅。虽然 "雷克萨斯 LFA" 已停止销售，但时至今日，仍是根据部位不同，区分使用多种 CFRP 的典型案例（图 5-12）。

丰田汽车使用预浸料的零部件，主要是侧板及仪表板等主要结构零部件。其充分运用了预浸料的高刚性和高强度。

而采用 RTM（Resin Transfer Molding，树脂传递成型）法制成的成型品的零部件，是前面板、车顶及发动机罩等大型零

"雷克萨斯LFA"上使用了多种CFRP。

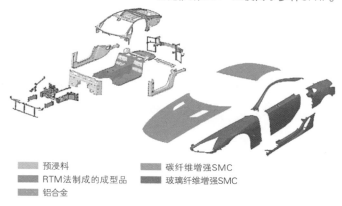

预浸料
RTM法制成的成型品
铝合金

碳纤维增强SMC
玻璃纤维增强SMC

图5-12　丰田汽车的"雷克萨斯LFA"

部件。对外观要求高的外板和碰撞时吸收冲击能量的吸能盒，也采用了 RTM 成型品。

此外，外板等大量使用了玻璃纤维增强型 SMC（Sheet Molding Compound，片状模塑料），C 柱和后部地板也采用了碳纤维增强型 SMC。

第3节　宝马利用 CFRP 使汽车制造业焕然一新，两条并行生产线完成 "i3" 电动车的最终组装

在应用 CFRP（碳纤维增强树脂）方面处于全球领先地位的，是德国宝马公司（BMW）。宝马在电动汽车 "i3" 骨架上选用的就是热固性 CFRP。

"i3" 的基本结构是：用热固性 CFRP 制造上部骨架，用铝合金一体成型下部底盘。与钢制相比，在相同基本结构上实际达到了 350kg 的轻量化效果。

然而这种基本结构，尤其是 CFRP 骨架带来的效果不仅仅是轻量化，汽车的制造方法以及材料采购也发生了转变。要想将全球首批 CFRP 骨架配备于量产车，大胆而细心的战略必不可少。

▶ 无需焊接，充分利用粘接材料

宝马从最上游的市场开始采取措施——通过与德国的制碳

厂商 SGL 集团合并参与碳纤维的生产（图 5-13）。随后，SGL
集团为了稳定采购作为碳纤维原料的聚丙烯腈（PAN）纤维，
又与三菱丽阳成立了合并公司，首先确保了充足的碳纤维①。

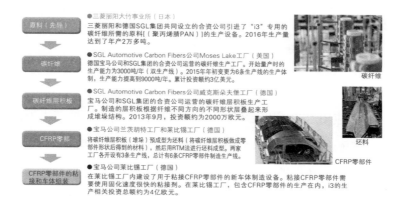

图 5-13　宝马的 CFRP 骨架的制造流程

　　碳纤维制造成层积板、坯料等中间基材，运送到宝马的兰茨胡特工
厂和莱比锡工厂，再通过 RTM（Resin Transfer Molding）法成型为零部
件。RTM 成型法是一种将已经预成型为产品形状的碳纤维坯料放入加热
后的模具中，在闭合模具的同时填充环氧树脂并使之固化的成型方法。

　　三菱飞机（总部位于名古屋市）拥有在飞机领域应用
CFRP 的先行技术。三菱飞机第 2 设计部顾问的小祝弘道指
出："RTM 法（树脂传递模塑料成型工艺）的生产效率高，制

---

　　①　宝马碳纤维工厂的生产能力为每年 9000 吨，相当于 2013 年全球
碳纤维需求量的两成以上。宝马之所以自己制造碳纤维，是为了防范从
外部获取的碳纤维无法满足车辆量产的需求。

造出来的热固性 CFRP 的机械特性接近于热压罐成型法制造出来的产品。"

宝马"迅速注入树脂"，成型周期为 10 分钟左右。RTM 法进一步缩短了成型周期，提出了将以往需要花费 2~3 小时的成型周期缩短为几分钟的技术。

每辆"i3"可配备约 150 个制造出来的 CFRP 零部件，看起来非常多。但是和钢材制造的车架相比，数量仅为 1/3 左右。这些零部件集中在莱比锡工厂内新设的车体制造设备上，由车体制造设备对各个零部件进行粘接并组装成骨架。普通的车体组装采取的主要是点焊法，但 CFRP 骨架完全不采用焊接技术[1]。也就是说，车体组装生产线的基本构成发生了根本上的改变。

使用的粘接剂是一种新开发的、固化速度很快的粘接剂。设置在车体制造设备上的多台机器人全自动地进行零部件的搬运、粘接剂的涂抹、粘接以及零部件的组装（图 5-14）。

在要粘接的零部件上准确计量并涂抹粘接剂，各个零部件应间隔开 1.5mm 再进行粘接（粘接剂会填满这些间隙）。一般来说，粘接剂会在 90 秒后开始固化，常温下 90 分钟即可完成固化。而此次使用的设备只需要加热 CFRP 的一部分，因此固化时间缩短到了 10 分钟。据说这个时间是以往固化时间的 1/32。每台 CFRP 骨架用宽 20mm、长 160mm 的粘接剂进行粘接。

---

[1] 不过，下部底盘的生产线上存在熔接工序。

图5-14 CFRP骨架的组装过程

是用粘接剂粘接零部件的,而不是焊接。零部件的搬运、粘接剂的涂抹、粘接等均由机器人全自动进行。

▶用两条并行生产线完成最终组装

组装好的 CFRP 骨架会和其他工序中制造好的铝合金下部底盘一起被运送到最终组装生产线上。这个最终组装生产线,是将两条生产线并行设置的、独一无二的生产线:一条用于 CFRP 骨架,另一条用于铝合金制成的下部底盘。

下部底盘装有充电电池和发动机等零部件。与此同时, CFRP 骨架装有内饰零部件等。安装了零部件的 CFRP 骨架和下部底盘将在并行生产线的最后阶段实现一体化——两台机器人在下部底盘上涂抹粘接剂并把 CFRP 骨架安放在上面，利用自重进行粘接，然后用螺栓拧紧四个接口（图 5-15）。

图 5-15　CFRP 骨架与下部底盘的一体化

两台机器人在下部底盘上涂抹粘接剂并将 CFRP 骨架安放在上面，用螺栓拧紧四个接口。

接下来要安装其余的外板。为了实现 "i3" 的轻量化，挡泥板等处采用了热塑性树脂。包括汽车车顶等 CFRP 制成的外板在内，各个零部件都会在全部涂好油漆后再供应给组装生产线，所以主生产线上并没有涂漆工序。

制造 CFRP 骨架和最终组装需要 20 个小时，与宝马现有的生产线相比减少了一半。时间的缩短既得益于并行生产线，也得益于 CFRP 骨架的采用——CFRP 骨架形状自由度高，对于零部件数量的减少十分有益。新式汽车制造的中心，准确地讲就是 CFRP 骨架。

　　宝马的 CFRP 应用不仅改变了汽车制造的基本，更是花费了大量时间成本进行的、一丝不苟的、细致周到的项目。在热固性 CFRP 应用这一点上，其他公司恐怕很难在一朝一夕间赶上宝马。

旨在缩短成型周期的热固化 CFRP

　　热固化 CFRP 的技术开发十分活跃，其目的在于缩短成型周期。2013 年 12 月，日产汽车曾发布 "GT-R" 的 2014 年度模型。该模型采用了 PCM（Prepreg Compression Molding，预浸料压缩成型）法成型的热固性 CFRP（图 5-16）。与使用铝合金相比，重量减轻了约 40%。

　　这种成型方法由三菱丽阳开发，首先使用 2~3 分钟即可固化的环氧树脂和碳纤维制造预浸料，然后再放入模具加热，在 3MPa~10MPa 的高压下冲压成型。成型周期仅约 10 分钟，在热固性 CFRP 中生产效率尚佳。此外，由于是在高温高压下冲压，表面的平滑性好，涂装品质可满足作为外板使用的要求。

图 5-16　PCM 法成型的后备箱盖

配置于日产汽车"GT-R"。与铝合金的相比，重量减轻了四成。

另外，因为使用的是连续纤维，热固性 CFRP 不易制作深冲压形状、凸起和补强肋条。制作这样的形状和构造适合采用同为片材的、由切割成 2~3cm 的碳纤维分散制成的碳纤维强化 SMC（片状模压料）。因为不是连续纤维，这种材料的机械特性不及使用连续纤维的预浸料，但是纤维容易与树脂一同流动，进入形成凸起和补强肋条的部分。日本复合材料株式会社（总部位于东京）研究本部先端材料组组长箱谷昌宏介绍说："高度为 20~30mm 的凸起和补强肋条可以进行常规制作。超过这个高度则需要另行商议。"

日产汽车的碳纤维强化 SMC 得到了上市汽车的采用，并已成功投入量产。通过利用机器人使成型工序的前后操作自动化，这种材料的成型周期可缩短至 2~3 分钟。其良好的生产效率广受好评。

　　东丽正在大力缩短"i3"使用的 RTM 法的成型周期。东丽的 RTM 法的特点，在于采用了从多个浇注口向模具内注入环氧树脂的多点注入技术。这项技术从 2012 年开始，应用于德国戴姆勒公司的高档车"SL 级"的后备箱盖（图 5-17）。东丽生产本部（复合材料技术与生产、ACM 技术部）负责人吉永稔说："硬化时间现在已经缩短到了 5 分钟。今后有望继续缩短到 3 分钟。"

图 5-17　采用东丽 RTM 技术的后备箱盖

　　配置于德国 Daimler 公司的高档车"SL 级"。东丽进一步推进了 RTM 法的高速化，计划将固化时间缩短到 3 分钟。

第 4 节　帝人的一分钟成型技术

众所周知，德国宝马（BMW）公司的电动汽车"i3"是量产车。但其价格约为 500 万日元，很难被称作大众型汽车，宝马公司必须进一步削减成本。而迅速为大众所关注的，就是树脂成分中采用了聚丙烯（PP）和聚酰胺（PA）等热塑性树脂的热塑性 CFRP。

热固性 CFRP 强度高、刚性好，轻量化效果显著，应用在汽车的骨架和外板上能够达到很高的尺寸精度。但同时也有量产性低、大量生产时成本较高的不利一面。因为在成型工序中，树脂固化（高分子化）的成型周期较长。汽车工厂的生产节拍约为 1 分钟，假定热固性 CFRP 的成型周期是 10 分钟，那么要配合 1 分钟的生产节拍就需要 10 台成型机器。

另外，热塑性树脂本身就是高分子形态，将其熔化后冷却、成型只需要不到 1 分钟。虽然热塑性 CFRP 成型所使用的大型冲压机器和注塑成型机器要比热固性 CFRP 成型所使用的

RTM 法成型机器更加昂贵，但是因为其生产效率高，所以量产规模越大，成本方面就越占优势。

而在热塑性 CFRP 方面，帝人公司的成果显著。

▶2015年后，生产规模达到每年数万辆

2011 年 3 月，帝人公司开发出一种技术，可在 1 分钟内将热塑性 CFRP 冲压成型。同时，帝人还展示了配有热塑性 CFRP 骨架的样品车（图 5-18）。

图 5-18　热塑性 CFRP 骨架的电动汽车样品

帝人于 2011 年 3 月发布。骨架重 47kg，是钢骨架的 1/5。由片状基材（分单向性基材和各向同性基材两种）的冲压成型品和长纤维增强颗粒的注塑成型品粘接而成。

2011 年 12 月，帝人与美国 General Motors 公司（以下简称"GM 公司"）签订协议，共同开发用该技术制造的热塑性 CFRP 零部件。GM 公司由此确立了在全球销售的小汽车、卡车、跨界车等量产车上采用热塑性 CFRP 零部件的方针。帝人在宣布这一计划时表示："我们的目标是 2015 年后，将该技术应用于年产数万辆的量产车上。"

随后，帝人未公布任何与 GM 公司进行共同开发的进展状况、热塑性 CFRP 的物理性质等相关的信息。但是本次，帝人集团的执行总裁、碳纤维及复合材料事业本部部长兼东邦特耐克丝社社长吉野隆接受采访时明确表示，与 GM 公司的共同开发进展顺利，原定日程并没有改变。

东丽作为全球第一大碳纤维生产商，也在积极推进热塑性 CFRP 的开发。2012 年发布的电动汽车的概念模型中，汽车车顶和汽车前部的舱门外板就采用了热塑性 CFRP 的冲压成型材料（图 5-19）。

但是，东丽此后并没有公布其他成型样品。东丽的生产本部负责人吉永稔介绍说："成为中间基材的片材上碳纤维的分布不同，片材的机械特性也大不相同。所以说，这一点是各公司的最高机密。"

此外，关于热塑性 CFRP 的物理性质和成型样品，东丽也透露了一些信息。以下是东京大学工学系研究科系统创成学专

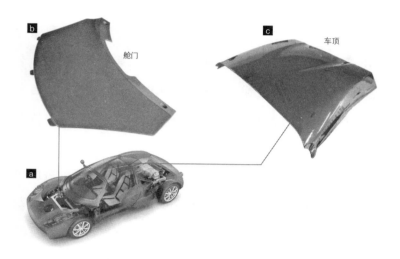

图 5-19　在多处采用了 CFRP 的东丽电动汽车的原型车模型

在热固性 CFRP 制成的单体车身等零部件上，CFRP 以各种各样的形态被采用。车顶和汽车前部的舱门外板采用的是热塑性 CFRP 冲压成型材料。

业的教授高桥淳负责的"热塑性 CFRP（CFRTP）"的研发小组的硕果。

▶高性能中间基材问世

高桥淳领导的研发小组正在开发一种名为"Carbonfiber Tape Thermoplastics"（以下简称"CTT"）的、具有独特片状结构的中间基材。这种基材是将单向性基材（UD 胶带）以一定的长度截断，使其随机分散，然后将 PP 渗透在上面所形成的片状材料。单向性基材指的是将连续碳纤维往一个方向集中，然后用 PP 固定成胶带状的材料。因此，从上往下观察的话，片材呈现出来的是类似于将"报事贴"分散粘贴后形成的特殊性状。

各向同性基材是将碳纤维在纤维水平上均匀分散形成的。单向性基材由于将一定长度的碳纤维集中起来，补强效果更好，所以与各向同性基材相比，机械特性更加优异。热塑性 CFRP 是 CTT 冲压成型形成的，所以单位重量要比飞机专用的热固性 CFRP 更重。具体来说，热塑性 CFRP 在拉伸弹性率和拉伸强度方面性能优良，能将悬臂梁式冲击强度提高 1.5~2 倍。

该研发小组以制造汽车的结构零部件为目标，用 CTT 制成了槽型钢结合零部件，并进行了 3 点弯曲实验（图 5-20）。实验中准备了两种热塑性 CFRP 制成的结合零部件：一件是只将 PP 和 CTT 组合在一起的零部件；另一件是将 PP 和 CTT/单向性基材的层积材料组合在一起的零部件。

CTT 和单向性基材的层积材料与仅有 CTT 的材料相比，耐弯曲破坏强度得到了进一步的改善。同时，研发小组还将其与使用相同结构的 440MPa 级高张力钢板和 780MPa 级高张力钢板制成的样品进行了对比。根据 3 点弯曲实验的分析结果，

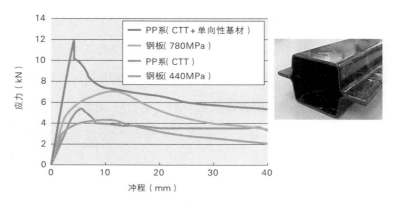

图 5-20　热塑性 CFRP 的 3 点弯曲实验

　　如图所示，对槽型钢结合零部件进行了实验。PP 类（CTT+单向性基材）最容易损坏。最大应力达到了 12kN。

　　实现相同刚性的情况下，层积材料的重量只需达到高张力钢板的一半就够了。此时的冲击吸收能力达到了 440MPa 级高张力钢板的 2 倍，是 780MPa 级高张力钢板的 1.5 倍。

　　高桥淳坚信，随着热塑性 CFRP 技术的进步，CFRP 零部件的价格一定会降低到和铁相当的水平。其展望大致的流程是：将制造碳纤维的技术与将碳纤维制成零部件的应用技术作为推动汽车产业发展的两个车轮不断进化，大幅削减 CFRP 零部件的成本。

　　首先，在《革新碳纤维基础技术开发项目》中确立新的制造方法，前提是碳纤维价格大幅下降。不过，碳纤维价格即便削减到以往价格的 1/2 或者 1/3，成本效益比还是不如铁。因此，要不断推动 CFRP 应用技术的进化。可参考以下三个要点。

第一，提高成型时的生产效率。此时，考虑到潜力的高低，热塑性 CFRP 成了公认的主角。如前述 CTT 那样，如果能凭借中间基材的进化提高热塑性 CFRP 零部件的强度、刚性、耐冲击性等机械特性的话，那么热塑性 CFRP 的使用量会减少。如此一来，就能进一步削减零部件成本，提高轻量化效果。并且，还能应对各种结构的设计（图5-21）。

第二，掌握设计技巧，尤其是 CFRP 零部

图5-21　PP类各向同性基材的成型样品

　　PP 类各向同性基材可以实现各种形状。（a）是将肋条设计为立式的样品，已确定可以成型根部厚度 3mm、高度 60mm 的肋条。（b）是具有复杂的内部结构的槽型钢成型样品。（c）是在凸起的中央通过后加工增加金属内螺丝而制成的样品。

件的结构设计技术是非常重要的。在热塑性 CFRP 中，就机械特性来说存在两种材料，一种是不管哪个方向上都相同的各向同性基材，另一种是单向性基材。将两者组合起来就可以改变各部位的机械特性。如果能将这一特征灵活应用于设计中，那么就能进一步实现轻量化。

高桥淳表示："我们的目标，是与现在的钢板产品相比，将白车身的重量减少六成。"如果能实现这种程度的轻量化，就能减少引擎、悬挂装置、车胎等部件的负担。例如，只使用低成本、轻量型的小排量引擎就够了。高桥淳还表示："如此一来，便能得到次要效果，也就是汽车整体的重量减少一半。当然，也能大幅削减油耗。"

高桥淳研发小组在削减成本方面也是煞费苦心。热塑性 CFRP 在熔化状态下黏度较高，因此在大型零部件的成型上，需要有成型压力高的大型冲压机。如此一来，设备投资额势必会上涨。为了解决这一课题，高桥淳研发小组开始研究"将零部件进行分隔后再粘接起来"的技术。

第三，对工厂内产生的边角料等进行再利用。如果能通过再利用减少废弃材料，就能直接削减成本。从这一点也可以看出，可熔化后再进行利用的热塑性 CFRP 尚存诸多可能性。

要想把 CFRP 零部件的价格降低到与铁相当，需要研发低成本碳纤维的制造方法，以及各种相关技术。高桥淳表示："我们达到这个目标还需要一定时间，不过不会很长。"

　　说到底，究竟是否开发全面采用 CFRP 的大众型汽车，还需要汽车厂商进行最终判断。各厂商应该随着技术开发的进展，开展遥遥领先于"i3"的大项目。目前来看，还不能说已经研发完成了进行这一判断所需的相关技术。GM 公司与帝人公司联合起来，率先迈出了一大步。

"精益制造" 专家委员会

齐二石　天津大学教授（首席专家）

郑　力　清华大学教授（首席专家）

李从东　暨南大学教授（首席专家）

江志斌　上海交通大学教授（首席专家）

关田铁洪（日本）　原日本能率协会技术部部长（首席专家）

蒋维豪（中国台湾）　益友会专家委员会首席专家（首席专家）

李兆华（中国台湾）　知名丰田生产方式专家

鲁建厦　浙江工业大学教授

张顺堂　山东工商大学教授

许映秋　东南大学教授

张新敏　沈阳工业大学教授

蒋国璋　武汉科技大学教授

张绪柱　山东大学教授

李新凯　中国机械工程学会工业工程专业委会委员

屈　挺　暨南大学教授

肖　燕　重庆理工大学副教授

郭洪飞　暨南大学副教授

毛少华　广汽丰田汽车有限公司部长

金　光　广州汽车集团商贸有限公司高级主任

姜顺龙　中国商用飞机责任有限公司高级工程师

张文进　益友会上海分会会长、奥托立夫精益学院院长

邓红星　工场物流与供应链专家

高金华　益友会湖北分会首席专家、企网联合创始人

葛仙红　益友会宁波分会副会长、博格华纳精益学院院长

赵　勇　益友会胶东分会副会长、派克汉尼芬价值流经理

金　鸣　益友会副会长、上海大众动力总成有限公司高级经理

唐雪萍　益友会苏州分会会长、宜家工业精益专家

康　晓　施耐德电气精益智能制造专家

缪　武　益友会上海分会副会长、益友会/质友会会长

东方出版社

广州标杆精益企业管理有限公司

东方出版社助力中国制造业升级

定价：28.00 元

定价：32.00 元

定价：32.00 元

定价：32.00 元

定价：32.00 元

定价：32.00 元

定价：30.00 元

定价：30.00 元

定价：32.00 元

定价：28.00 元

定价: 28.00 元

定价: 36.00 元

定价: 30.00 元

定价: 32.00 元

定价: 32.00 元

定价: 32.00 元

定价: 38.00 元

定价: 26.00 元

定价: 36.00 元

定价: 22.00 元

定价: 32.00 元   定价: 36.00 元

定价: 36.00 元   定价: 36.00 元

定价: 38.00 元   定价: 28.00 元

定价: 38.00 元   定价: 36.00 元

定价: 38.00 元   定价: 36.00 元

定价：36.00 元

定价：46.00 元

定价：38.00 元

定价：42.00 元

定价：49.80 元

定价：38.00 元

定价：38.00 元

定价：38.00 元

定价：45.00 元

定价：52.00 元

定价: 42.00 元

定价: 42.00 元

定价: 48.00 元

定价: 58.00 元

定价: 48.00 元

定价: 58.00 元

定价: 58.00 元

定价: 42.00 元

定价: 58.00 元

定价: 58.00 元

定价: 58.00 元   定价: 58.00 元

定价: 58.00 元   定价: 58.00 元

定价: 58.00 元   定价: 68.00 元

定价: 68.00 元   定价: 68.00 元

定价: 68.00 元   定价: 68.00 元

定价: 68.00 元

定价: 68.00 元

定价: 58.00 元

定价: 88.00 元

日本制造业 · 大师课

手机端阅读，让你和世界制造高手智慧同步

片山和也：
日本超精密加工技术
系统讲解日本世界级精密加工技术
介绍日本典型代工企业

国井良昌：
技术人员晋升 · 12 讲
成为技术部主管的 12 套必备系统

山崎良兵、野々村洸，等：
AI 工厂：思维、技术 · 13 讲
学习先进工厂，少走 AI 弯路

高田宪一、近冈裕，等：
日本碳纤材料 CFRP · 11 讲
抓住 CFRP，抓住制造业未来 20 年的
新机会

中山力、木崎健太郎：
日本产品触觉设计 · 8 讲
用触觉，刺激购买

高市清治、吉田胜，等：
技术工人快速培养 · 8 讲
3 套系统，迅速、低成本培育技工

近冈裕、山崎良兵，等：
日本轻量化技术 · 11 讲
实现产品轻量化的低成本策略

近冈裕、山崎良兵、野々村洸：
日本爆品设计开发 · 12 讲
把产品设计，做到点子上

近冈裕、山崎良兵、野々村洸：

数字孪生制造：
技术、应用·10讲

创新的零成本试错之路，智能工业化
组织的必备技能

吉田胜：

超强机床制造：
市场研究与策略·6讲

机床制造的下一个竞争核心，是提供
"智能工厂整体优化承包方案"

吉田胜、近冈裕、中山力，等：

只做一件也能赚钱的工厂

获得属于下一个时代的，及时满足客
户需求的能力

吉田胜：

商用智能可穿戴设备：
基础与应用·7讲

将商用可穿戴设备投入生产现场
拥有快速转产能力，应对多变市场需求

吉田胜、山田刚良：

5G 智能工厂：
技术与应用·6讲

跟日本头部企业学
5G 智能工厂构建

木崎健太郎、中山力：

工厂数据科学家：
DATA SCIENTIST·10讲

从你的企业中找出数据科学家
培养他，用好他

中山力：

增材制造技术：
应用基础·8讲

更快、更好、更灵活
——引爆下一场制造业革命

内容合作、推广加盟
请加主编微信